高职高专计算机"十二五"规划教材

平面设计经典案例教程
——CorelDRAW X6

主　编　李天飞　黄计惠

副主编　钟卓丽　曹志宏　李谋超　荣琪明

中国铁道出版社有限公司
CHINA RAILWAY PUBLISHING HOUSE CO., LTD.

内 容 简 介

　　本书以能力为本位，以技能培养为出发点，进行模块化教学，全书分为：绪论以及标志制作、图案制作、版式编排设计、平面广告制作、包装设计5个模块，由"汽车销售广告"的制作、"哎哎艺术中心"标志的制作、"广钢陶瓷"标志的制作、"三人行广告"标志的制作、"中国结"标志的制作等项目组成。每个项目中任务的设计由浅入深、从易到难、循序渐进，并且只要求掌握与任务有联系的几个知识点，注重知识的系统性，同时，项目中还设计了技巧小结、同步练习和拓展训练等环节，既适用于教学也适用于自学。

　　本书适合作为高职院校平面设计相关课程的配套用书，也可作为CorelDRAW爱好者的参考用书。

图书在版编目（CIP）数据

平面设计经典案例教程：CorelDRAW X6 / 李天飞，黄计惠主编.
— 北京：中国铁道出版社，2015.2（2019.4 重印）
高职高专计算机"十二五"规划教材
ISBN 978-7-113-19928-9

Ⅰ. ①平… Ⅱ. ①李… ②黄… Ⅲ. ①平面设计－图形软件－教材 Ⅳ. ①TP391.41

中国版本图书馆CIP数据核字（2015）第 026738 号

书　　名：平面设计经典案例教程——CorelDRAW X6
作　　者：李天飞　黄计惠　主编

策　　划：唐　旭　　　　　　　　　　　　读者热线：400-668-0820
责任编辑：唐　旭
编辑助理：刘丽丽　祝和谊
封面设计：刘　颖
封面制作：白　雪
责任校对：汤淑梅
责任印制：郭向伟

出版发行：中国铁道出版社有限公司（100054，北京市西城区右安门西街 8 号）
网　　址：http://www.tdpress.com/51eds/
印　　刷：三河市兴达印务有限公司
版　　次：2015 年 2 月第 1 版　　　2019 年 4 月第 3 次印刷
开　　本：787mm×1092mm　1/16　印张：18.5　插页：1　字数：360 千
书　　号：ISBN 978-7-113-19928-9
定　　价：39.00 元

前 言
FOREWORD

　　《平面设计经典案例教程——CorelDRAW X6》是广州白云工商技师学院"以作品引领的广告设计专业一体化项目课程改革研究与实践"课题的研究成果，本成果于 2009 年获得中国职协优秀成果奖，2012 年获得全国技工院校教育和职业培训教学研究成果一等奖，2014年获得广东省技工院校教育和职业培训教学研究成果一等奖，与其配套的多媒体课件于 2011年获得中国职协优秀成果二等奖。

　　CorelDRAW 是从事平面设计人员的必修课之一，能很好地培养学习者广告设计与制作的能力。由于现行的教材知识性强，不能很好地体现技能的培养，所以编者编写了这本《平面设计经典案例教程——CorelDRAW X6》教材。

　　本教程以能力为本位，以技能培养为出发点，进行模块化教学。全书分为：绪论以及标志制作、图案制作、版式编排设计、平面广告制作、包装设计 5 个模块，由"汽车销售广告"的制作、"哎哎艺术中心"标志的制作、"广钢陶瓷"标志的制作、"三人行广告"标志的制作、"中国结"标志的制作、经典"太极图形"标志的制作、经典"奥运五环"标志的制作、经典"寿"字标志的制作、"华强地产"标志的制作、"一品装饰"标志的制作、经典"五角星"标志的制作、请柬设计、中秋贺卡设计、白云学院 DM 小册内页、室内设计标书设计、设计工作室广告制作、白云学院学生作品展招贴、围棋比赛招贴广告、时尚广告设计、"乌龙茶"饼干的包装设计、"三花老窖"酒的包装设计、"御月中秋"月饼的包装设计等项目组成。每个项目中任务的设计由浅入深、从易到难、循序渐进，并且只要求掌握与任务有联系的几个知识点，注重知识的系统性。同时，项目中还设计了技巧小结、同步练习和拓展训练等环节，既适用于教学也适用于自学。

　　本书由李天飞、黄计惠任主编，钟卓丽、曹志宏、李谋超、荣琪明任副主编，李天飞老师对全书进行了统稿。

　　由于作者水平有限，书中难免存在疏漏和不妥之处，恳请广大读者批评指正。

编 者

2014 年 12 月

目 录
CONTENTS

绪论···1
　一、CorelDRAW 概述··1
　二、CorelDRAW X6 中的新增功能···1
　三、认识 CorelDRAW X6 工具面板···8
　四、入门项目："汽车销售广告"的制作···19

模块 1 标志制作··28
　项目 1 "哎哎艺术中心"标志的制作···29
　　任务 1 图形标志的制作分析···30
　　任务 2 绘图前准备工作···30
　　任务 3 绘制"a"字形的标志···33
　　任务 4 颜色填充··37
　项目 2 "广钢陶瓷"标志的制作···40
　　任务 1 图形标志的制作分析···40
　　任务 2 绘图准备工作···41
　　任务 3 绘制标志的中心"G"字图形··42
　　任务 4 绘制标志的外围图形···46
　　任务 5 颜色填充··50
　项目 3 "三人行广告"标志的制作···52
　　任务 1 图形标志的分析···53
　　任务 2 绘图矩形··53
　　任务 3 绘制圆角矩形··55
　　任务 4 绘制标志的基本形··56
　　任务 5 效果装饰··58
　项目 4 "中国结"标志的制作··62
　　任务 1 图形标志的分析···63
　　任务 2 绘图前准备工作···63
　　任务 3 绘制标志一半图形··65
　　任务 4 复制另一半标志图形···66
　　任务 5 完成中国结主体部分制作···69
　　任务 6 中国结的挂耳··70

任务 7 中国结的流苏 73
项目 5 经典"太极图形"标志的制作 76
　　任务 1 图形标志的分析 76
　　任务 2 绘图前准备工作 77
　　任务 3 绘制圆 78
　　任务 4 绘制半圆 79
　　任务 5 调整图形前后关系 80
项目 6 经典"奥运会五环"标志的制作 82
　　任务 1 图形标志的分析 82
　　任务 2 圆环绘制 83
　　任务 3 绘制五个相扣圆环 85
项目 7 经典"寿"字标志的制作 87
　　任务 1 图形标志的分析 88
　　任务 2 绘图前准备工作 88
　　任务 3 绘制圆环 89
　　任务 4 绘制图形文字 90
项目 8 "华强地产"标志的制作 96
　　任务 1 图形标志的分析 96
　　任务 2 绘制"华"字图形 96
　　任务 3 绘制标志的修饰 98
项目 9 "一品装饰"标志的制作 102
　　任务 1 图形标志的分析 102
　　任务 2 绘图前准备工作 102
　　任务 3 绘制标志三角外形 103
项目 10 经典"五角星"标志的制作 106
　　任务 1 图形标志的分析 106
　　任务 2 绘制圆环 107
　　任务 3 绘制三角形 108
　　任务 4 绘制标志中间的五分之一图形 109
　　任务 5 组成标志 111

模块 2 图案制作 114

项目 1 请柬——图案在请柬中的运用 115
　　任务 1 请柬的图案制作分析 116
　　任务 2 绘制花形单纹样 116
　　任务 3 绘制方形单独纹样图案 122
　　任务 4 绘制二方连续图案 124
　　任务 5 绘制圆形连续图案 125
　　任务 6 绘制圆形的"请"字 128
　　任务 7 素材的合成 130

项目 2　中秋贺卡——图案在贺卡中的运用 ························ 136

　　任务 1　中秋贺卡制作步骤分析 ···························· 137

　　任务 2　贺卡底图的设计制作 ······························ 137

　　任务 3　绘制花形单纹样 ································· 140

　　任务 4　绘制"中秋"艺术字 ······························ 147

　　任务 5　绘制书法体的"贺"字 ··························· 151

　　任务 6　制作贺词 ······································ 154

模块 3　版式编排设计 ·· 158

项目 1　白云学院 DM 小册内页 ································ 161

　　任务 1　白云学院 DM 宣传小册内页制作分析 ··············· 162

　　任务 2　制作白云学院标志 ······························ 162

　　任务 3　输入文字 ······································ 164

　　任务 4　绘制标题文字 ·································· 166

　　任务 5　绘制创意的铅笔 ································· 168

　　任务 6　制作文本绕图效果 ······························ 171

　　任务 7　制作小册第三页 ································· 173

项目 2　室内设计标书设计 ··································· 182

　　任务 1　EGOU 时尚男装专卖店标书制作分析 ··············· 182

　　任务 2　制作室内设计标书封面与封底 ····················· 183

　　任务 3　内页面的设计 ·································· 191

模块 4　平面广告制作 ·· 201

项目 1　设计工作室广告制作 ································· 202

　　任务 1　设计工作室广告制作步骤分析 ····················· 202

　　任务 2　制作立体化文字 ································· 202

　　任务 3　制作调和效果 ·································· 204

项目 2　白云学院第八届艺术节学生作品展招贴 ··················· 207

　　任务 1　第八届艺术节学生作品展招贴制作分析 ··············· 208

　　任务 2　制作彩色线条"8"字 ··························· 208

　　任务 3　制作铅笔沿路径排列效果 ························· 211

　　任务 4　制作铅笔的透明投影 ···························· 213

　　任务 5　制作透视文字 ·································· 214

项目 3　围棋比赛招贴广告 ··································· 216

　　任务 1　围棋比赛招贴广告制作步骤分析 ··················· 217

　　任务 2　制作棋盘式底纹 ································· 217

　　任务 3　制作透明光线 ·································· 219

　　任务 4　制作立体棋盘效果 ······························ 220

　　任务 5　制作围棋 ······································ 221

　　任务 6　文字效果的制作 ································· 223

任务 7　制作边框 ·· 226

项目 4　"时尚广告"的制作 ·· 229

任务 1　"时尚广告"制作步骤分析 ····································· 229

任务 2　绘制 LOGO ··· 230

任务 3　绘制卡通人物 ··· 235

任务 4　绘制装饰风景背景 ··· 238

任务 5　绘制信封 ··· 242

任务 6　设计字体 ··· 248

任务 7　绘制透明水杯 ··· 250

模块 5　包装设计 ··· 257

项目 1　"乌龙茶"饼干的包装设计 ····································· 258

任务 1　饼干的包装设计制作步骤分析 ································· 258

任务 2　运用 Photoshop 制作 TIFF 底图文件 ·························· 258

任务 3　运用 CorelDRAW 制作 CDR 文件 ····························· 260

任务 4　制作输出文件 ··· 265

项目 2　"三花老窖"酒的包装设计 ····································· 266

任务 1　制作步骤分析说明 ··· 267

任务 2　使用 CorelDRAW 软件制作包装盒 ····························· 267

任务 3　使用 Photoshop 软件制作 TIFF 底图 ·························· 270

任务 4　使用 CorelDRAW 制作印刷输出文件 ··························· 274

项目 3　"御月中秋"月饼的包装设计 ··································· 280

任务 1　制作步骤分析说明 ··· 280

任务 2　使用 Photoshop 软件制作 TIFF 底图 ·························· 281

任务 3　使用 CorelDRAW 软件制作包装盒的文件 ······················· 282

任务 4　制作输出稿 ··· 288

绪　　论

学习目标

◎　了解 CorelDRAW X6 中工作面板及基本工具的使用方法;

◎　熟练运用 CorelDRAW X6 中的新建、导入、保存命令制作广告;

◎　学会设置页面方向的方法。

一、CorelDRAW 概述

CorelDRAW 是目前使用最普遍的矢量图形绘制及图像处理软件之一，该软件集图形绘制、平面设计、网页制作、图像处理功能于一体，深受平面设计人员和数字图像爱好者的青睐。同时，它还是一个专业的编辑软件，其出众的文字处理、写作工具和创新的编辑方法，解决了一般编辑软件中的一些难题。

CorelDRAW 和 Photoshop 长期以来一直是 PC 上常用的著名设计软件，是专业的平面设计用户的首选，二者在图形、图像的处理方面各有千秋，CorelDRAW 是矢量平面设计中图形处理的霸主，而 Photoshop 则是平面图像设计的首选软件，综合应用二者可以绘制出美丽而神奇的图案。

二、CorelDRAW X6 中的新增功能

CorelDRAW Graphics Suite X6 是一个专业图形设计软件，专用于矢量图形编辑与排版，借助其丰富的内容和专业图形设计，进行照片编辑和网站设计。

人们平时看到的广告设计、平面设计、版式设计、VI 设计、招贴海报、产品商标、插图描画、网页设计……有许多都是设计师们使用 CorelDRAW 设计出来的。如今 CorelDRAW 已经成为大多数设计师必装的软件，尤其是最新的版本 CorelDRAW Graphics Suite X6，支持多核处理和 64 位系统，使得软件拥有更多的功能和稳定高效的性能。

1. 支持多核处理和 64 位系统

具有多核处理能力和本机 64 位支持，全面提升处理大型文件和图像的速度，系统在同时运行多个应用程序时，响应速度将变得更快。

随着计算机设备的不断升级，一般情况下设计用的计算机都是多核处理器和安装了 64

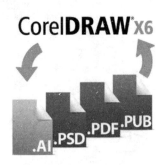

图 0-1 增强支持功能

位系统，CorelDRAW 只有支持 64 位系统和多核处理器，才能获得更快的图形图像处理速度。

2. 增强 Adobe CS5 和 Microsoft Publisher 2010 支持功能

增强的 Adobe Illustrator CS5 和 Adobe Photoshop CS5 导入与导出支持，以及 Adobe Acrobat X 和 Microsoft Publisher 2010 导入支持，如图 0-1 所示，可确保用户能够与同事和客户交换文件。

3. Corel® CONNECT™ 中的多个托盘

能够在本地网络上即时地找到图像并搜索 iStockphoto®、Fotolia 和 Flickr®网站。可通过 Corel CONNECT 内的多个托盘，轻松访问内容。可以在由 CorelDRAW®、Corel® PHOTO-PAINT™和 Corel CONNECT 共享的托盘中，按类型或按项目组织内容，最大限度地提高效率，如图 0-2 所示。

打开托盘方法：【窗口】→【泊坞窗】→【托盘】。

4. 新增 "对象属性" 泊坞窗功能

重新设计的 "对象属性" 泊坞窗提供依赖于对象的格式化选项和属性。通过将所有对象设置分组到一个位置中，此功能可比以前更快速地微调设计，大大地节省了设计时间。

打开对象属性方法：【编辑】→【对象属性】。

如果选择矩形就显示矩形的轮廓、填充、拐角等属性，如果选择文字将显示文字的字体、大小、颜色、行距等属性，如图 0-3 和图 0-4 所示。

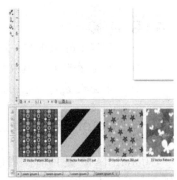

图 0-2 CorelDRAW X6 托盘

图 0-3 矩形属性面板

图 0-4 文字属性面板

5. 新增形状造型工具

CorelDRAW X6 新增了涂抹、转动、吸引和排斥 4 种形状工具，如图 0-5 所示，可以向矢量插图添加创新效果，它们为矢量对象的优化提供了新增的选项。

新增的涂抹工具能够沿着对象轮廓进行拉长或缩进，从而为对象造型。

新增的转动工具能够对对象应用转动效果。

新增的吸引和排斥工具，通过吸引或分隔节点，对曲线造型，如图 0-6 所示。

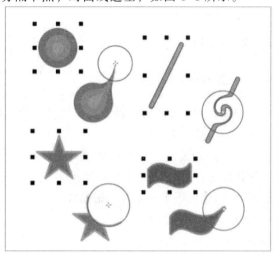

图 0-5　涂抹、转动、吸引和排斥工具　　　图 0-6　涂抹、转动、吸引和排斥工具效果

6. 新增主图层功能，轻松创建布局

利用新增和改进的"主图层"功能、新增的临时对齐辅助线、新增的高级 OpenType 支持以及针对非母语文本的增强型复杂脚本支持，CorelDRAW Graphics Suite X6 让用户比以前更轻松地完成项目的布局。

通过新增和改进的奇数页、偶数页和所在页主图层，能够更轻松地为多页面文档创建特定于页面的设计。可以轻而易举地在宣传册或传单中加入特定于页面的标头、页脚和页码。CorelDRAW X6 页面布局可以附带不同奇数页和偶数页的主图层，如图 0-7 所示第一页和第二页可用不同的主图层。

7. 可支持高级 OpenType®

借助诸如上下文和样式替代、连字、装饰、小型大写字母、花体变体之类的高级 OpenType 版式功能，创建精美文本。OpenType 尤其适合跨平台设计工作，它提供了全面的语言支持，使用户能够自定义适合工作语言的字符。可从一个集中菜单控制所有 OpenType 选项，并通过交互式 OpenType 功能进行上下文更改。

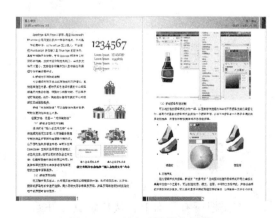

图 0-7　运用不同的主图层

图 0-8　运用 OpenType 效果文字

OpenType 也叫 Type 2 字体，是由 Microsoft 和 Adobe 公司开发的另外一种字体格式。它也是一种轮廓字体，比 TrueType 更为强大，可以在把 PostScript 字体嵌入到 TrueType 的软件中，具有支持跨平台功能，支持 Unicode 标准定义的国际字符集，支持高级印刷控制能力，生成的文件尺寸更小，支持在字符集中加入数字签名和保证文件的集成等优点，如图 0-8 所示。

8. 新增对齐辅助线功能

可以通过针对页面上现有插图的对齐建议，更快速地定位对象。相对于其他临近对象的中心或边缘进行对象的创建、调整大小或移动时，可以显示临时辅助线。此外，辅助线还会将对象的中心和边缘交互地连接起来。

新增"对齐辅助线"可以在移动对象时显示，帮助用户更快速地定位对象，如图 0-9 所示。

设置方法：【视图】→【对齐辅助线】。

9. 新增占位符文本功能

通过新增"插入占位符文本"命令快速填充任何文本框，从而在最终确定文档内容之前更轻松地查看文档外观。出于便利性和灵活性考虑，也可以使用 CorelDRAW 支持的任何语言的自定义占位符文本。可以即时添加占位符文本，在最终确定内容之前预览布局。对复杂脚本的支持可确保多语言轮廓在文档中正确显示，如图 0-10 所示。

设置方法：在文本框中右击选择【插入占位符文本】命令。

图 0-9　对齐辅助线效果

插入占位符文本前

插入占位符文本后

图 0-10　插入占位符文本前后对比

10. 新增页码功能

在文档所有页面上，从特定页面开始或以特定数字开始，即时添加页码。从字母、数字或罗马格式中进行选择，用小写或大写字母显示页码，并且页码将在添加或删除文档中的页面时自动更新。

插入页码的方法：【布局】→【插入页码】→【位于…】，如图 0-11 所示。

图 0-11　插入页码的方法

11. 新增颜色样式功能

可以将文档中使用的颜色添加为颜色样式，从而更轻松地将颜色更改实施到整个项目，创建颜色样式并将颜色立即应用到与其链接的所有对象。新增"颜色样式"泊坞窗能够轻松地管理一个文档中所使用的颜色，打开颜色样式的方法和"颜色样式"面板，如图 0-12 所示。

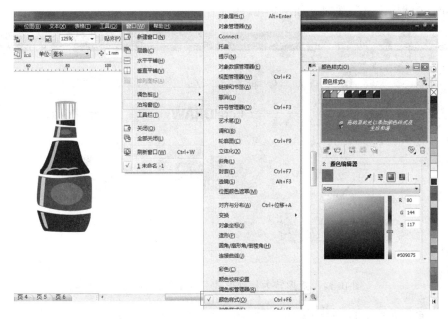

图 0-12　打开颜色样式的方法和"颜色样式"面板

12. 新增颜色和谐功能

可以将文档的颜色样式分为一组，以便能够快速轻松地生成不同颜色方案的重复设计。将两个或更多的颜色样式合并为一个颜色和谐，以将这些颜色与一个基于色调的关系链接起来，然后就能够集体或单独修改颜色，运用颜色和谐功能的前后效果对比如图 0-13 所示。

调整前　　　　　　　　　　　　　　　　　　　　　　调整后

图 0-13　运用颜色和谐功能的前后效果

13．新增交互式图文框功能

通过交互式图文框，有效生成设计理念的设计模型。新增的精确剪裁和文本框功能使用户能够在设计中填充占位符精确剪裁和文本框，从而更轻松地在最终确定各内容组件之前预览布局。

矩形转为精确剪裁和文本框的方法：激活矩形，选择【布局】→【布局工具栏】命令，单击"精确剪裁图文框"按钮，如图 0-14 所示。

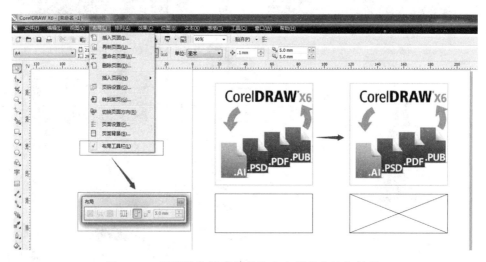

图 0-14　矩形转为精确剪裁和文本框的方法与效果

14．交互式表格工具

创建并导入经过组织的表格，为文本及图形提供结构化框架。

15．文档样式

轻松管理样式和颜色，新增的"对象样式"泊坞窗将创建和管理样式所需的全部工具集中放在一个位置中。可以创建轮廓、填充、段落、字符和文本框样式，并将这些样式应用到对象中。可以将喜爱的样式整理到样式集中，以便能够一次对多个对象进行格式化，不仅快速高效，而且还能确保一致性。此外，也可以直接使用"默认样式集"，无须思考，从而节省时间，文档样式面板和应用效果如图 0-15 所示。

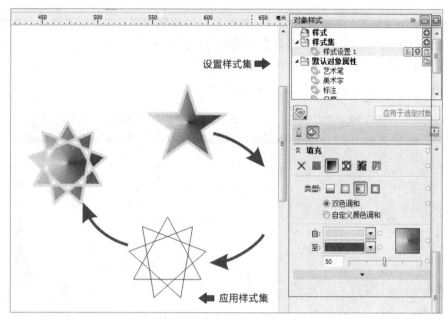

图 0-15　文档样式面板和应用效果

16．增强专业设计模板

可从 350 个专业设计模板以及 2000 个车辆模板中进行选择，这些模板能够立即开始设计各种类型的创意作品，从名片和传单到 Web 图形和销售宣传材料。

17．轻松设计、构建和维护网站

借助 Corel Website Creator 及其几十个模板和 Site Styles®，可以轻松地设计、构建和维护网站，而无须学习如何编码

（1）新增交互式网站功能

通过收集异步 JavaScript®和 XML（AJAX）窗口小组件，Corel Website Creator X6 能够轻松地设计带有动态用户交互功能的网站。可以立即添加可自定义的页面元素，例如：可折叠部件、选项卡式面板和切换窗格，为网站访问者提供交互式体验。

（2）新增集成的 Web 开发功能

网站工作区支持各种最新的 Web 开发技术，例如：RSS 源、CSS、XHTML、PHP、ColdFusion®和 JSP。可充分利用 WYSIWYG 设计环境，该环境提供简单的向导以及高级 HTML 对象和 CSS 检查程序。

（3）新增拖放式 Web 设计功能

Corel Website Creator X6 提供拖放式设计功能。将图像、文件或其他页面元素放置到准确位置。

（4）增强时间轴编辑器功能

网站创建器中的时间轴编辑器可将生命力赋予静态网络内容，例如：文本、照片、图形和视频，可以使用熟悉的拖放编辑环境，轻松地创建复杂的动画。

三、认识 CorelDRAW X6 工具面板

启动 CorelDRAW 时，系统将打开包含绘图窗口的应用程序窗口。绘图窗口中央的矩形框就是创建绘图的绘图页。尽管可以打开多个绘图窗口，但是只能将命令应用于当前绘图窗口。

（一）应用程序窗口

CorelDRAW X6 应用程序窗口如图 0-16 所示。

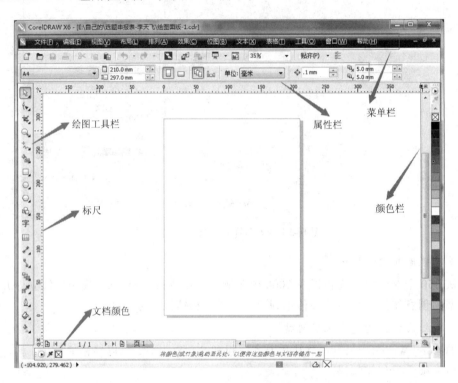

图 0-16　CorelDRAW X6 应用程序窗口

（1）菜单栏：包含下拉菜单选项的区域。

（2）属性栏：一个可移动的栏，包含与当前工具或对象相关的命令。例如：文本工具为活动状态时，文本属性栏将显示创建和编辑文本的命令。

（3）绘图工具栏：包含工具的浮动栏，可用于创建、填充和修改绘图中的对象，包含菜单和其他命令的快捷方式。

（4）文档颜色：文档颜色是 X6 的新增功能，可以将当前文档所用的颜色和文件一起存储起来，方便下次使用。

（5）标尺：用于确定绘图中对象大小和位置的水平和垂直边框。

（6）颜色栏：包含色样的泊坞窗。

（二）浮动面板

1. 属性栏

属性栏显示与当前工具或所执行的任务相关的最常用的功能。尽管属性栏外观看起来像工具栏，但是其内容随使用的工具或任务而变化。

（1）文本工具属性栏，如图 0-17 所示。

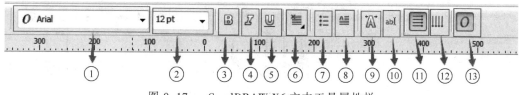

图 0-17　CorelDRAW X6 文本工具属性栏

　　图中：①为文本的字体属性，可根据设计需要选择不同字体；②为文本的字号大小，可设置文字的大小；③加粗文本；④设置斜体文本；⑤文本下画线的设置；⑥文本的对齐方式，可设置文本的居中对齐、居左对齐、居右对齐和、两端对齐等方式；⑦项目符号的设置；⑧首字下沉效果设置；⑨打开文本属性泊坞窗；⑩打开文本编辑窗口；⑪水平方式排列文本；⑫垂直方式排列文本；⑬交互式 OpenType 显示按钮，当某个 OpenType 功能应用于选定文本时，在屏幕上显示该标识。

（2）页面属性栏，如图 0-18 所示。

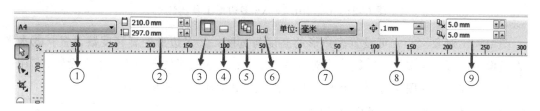

图 0-18　CorelDRAW X6 页面属性栏

　　图中：①页面大小，可选择页面的纸张大小；②页面度量，可设置页面的高度与宽度的大小；③设置页面纵向按钮；④设置页面横向按钮；⑤将页面大小应用于所有页按钮；⑥将页面大小应用于当前页按钮；⑦绘图单位，可选择文档的测量单位；⑧微调距离，可用键盘上的箭头调整对象距离；⑨再制对象距离（按【Ctrl+D】组合键设置再制对象时的距离）。

（3）矩形工具属性栏，如图 0-19 所示。

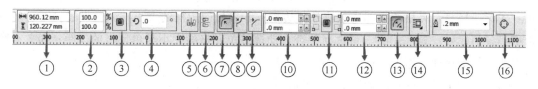

图 0-19　CorelDRAW X6 矩形工具属性栏

　　图中：①对象大小，可设置矩形的高度与宽度；②矩形的缩放比例设置；③锁定矩形的缩放比例；④矩形的旋转度数设置；⑤水平镜像矩形；⑥垂直镜像矩形；⑦矩形圆角样式设置；⑧矩形扇形角样式设置；⑨矩形倒棱角样式设置；⑩矩形左边两个角的半径参数；⑪是否同时编辑矩形所有角的按钮；⑫矩形右边两个角的半径参数；⑬相对缩放矩形圆角按钮；⑭文本换行样式；⑮矩形边线的大小参数设置；⑯转为曲线按钮。

（4）椭圆工具属性栏，如图 0-20 所示。

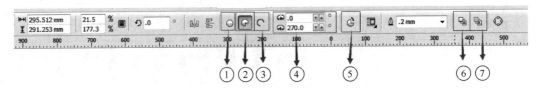

图 0-20　CorelDRAW X6 椭圆工具属性栏

　　图中：①绘制椭圆形；②绘制饼形；③绘制圆弧；④起始与结束的角度参数设置；⑤更改饼形成弧形的方向；⑥排列在图层前面；⑦排列在图层后面；其他属性与矩形一样。

　　（5）多边形工具属性栏，如图 0-21 所示。

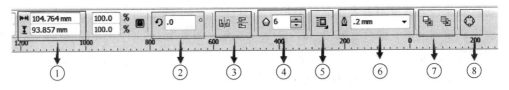

图 0-21　CorelDRAW X6 多边形工具属性栏

　　图中：①对象大小，可设置多边形的高度与宽度；②多边形的旋转度数设置；③水平/垂直镜像多边形；④多边形边数；⑤文本换行样式；⑥多边形线条的大小参数设置；⑦排列在图层前面或排列在图层后面；⑧转为曲线按钮，其他属性与矩形一样。

　　（6）表格工具属性栏，如图 0-22 所示。

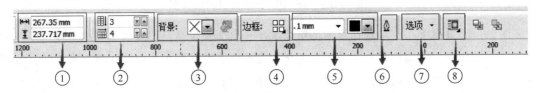

图 0-22　CorelDRAW X6 表格工具属性栏

　　图中：①对象大小，可设置表格的高度与宽度；②表格的行数与列数；③表格的背景颜色；④可选择显示表格的内部边框或外部边框；⑤表格的边框的大小与颜色设置；⑥表格的边框线条的样式；⑦"选项"，可选择是否自动调整单元格的大小与单元格的间距；⑧文本换行样式，其他属性与矩形一样。

　　（7）螺纹工具属性栏，如图 0-23 所示。

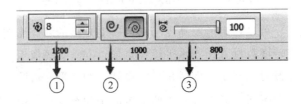

图 0-23　螺纹工具属性栏

　　图中：①螺纹回圈数，可设置新建的螺纹对象显示完整的圆形回圈；②螺纹回圈间距的显示方式：均匀的或是渐变的；③表格螺纹回圈间距为对数渐变时的参数设置，参数 0 时间距均匀显示。

（8）节点形状工具属性栏，如图 0-24 所示。

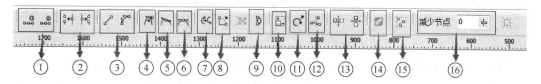

图 0-24　节点形状工具属性栏

图中：①增加与删除节点；②合并与拆分节点；③转为直线节点和曲线节点；④将节点转为尖突节点；⑤将节点转为不对称平滑节点；⑥将节点转为对称平滑节点；⑦转换节点方向；⑧延长曲线使其闭合；⑨闭合曲线；⑩延展与缩放节点；⑪旋转与倾斜节点；⑫对齐节点；⑬水平与垂直镜像节点；⑭节点弹性模式；⑮选择全部节点；⑯自动减少节点的个数，增加曲线平滑度。

（9）艺术笔工具属性栏，如图 0-25 所示。

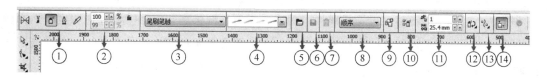

图 0-25　艺术笔工具属性栏

图中：①艺术笔的种类，有预设笔、笔刷、喷笔、书法笔、压力笔几种；②笔刷大小设置；③艺术笔刷的形状名称；④艺术笔刷的形状预览图；⑤打开艺术笔；⑥保存艺术笔；⑦删除艺术笔；⑧喷绘图案的排列顺序，有随机、按方向、按顺序 3 种；⑨将图形添加为喷绘图案；⑩打开喷笔的图案列表，可编辑列表；⑪图案的个数与间距；⑫图案的旋转角度；⑬图案的偏移量；⑭随对象一起缩放笔触。

（10）智能填充工具属性栏，如图 0-26 所示。

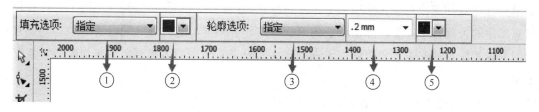

图 0-26　智能填充工具属性栏

图中：①智能绘图颜色填充的方式，有使用默认、指定、无填充 3 种；②笔刷智能绘图颜色填充设置；③智能绘图的轮廓方式，有使用默认、指定、无填充 3 种；④智能绘图的轮廓大小；⑤智能绘图的轮廓颜色。

（11）交互式调和工具属性栏，如图 0-27 所示。

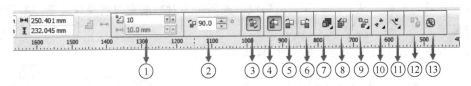

图 0-27　交互式调和工具属性栏

图中：①调和的步数和间距；②调和的方向；③曲线调和方式；④直线调和方式；⑤顺时针调和；⑥逆时针调和；⑦调和对象和颜色加速；⑧调整调和对象大小更改速率；⑨打开调和选项；⑩打起始和结束属性；⑪调和路径属性；⑫复制调和属性；⑬删除调和效果。

（12）交互式透明工具属性栏，如图 0-28 所示。

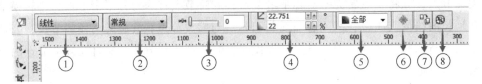

图 0-28　交互式透明工具属性栏

图中：①透明的类型，可选择线性、标准、辐射、圆锥、正方形等；②透明度与下面颜色的调和方式；③可调整透明度的中心位置；④透明度的角度与边界位置；⑤可选择透明度对象，有填充、轮廓、全部；⑥冻结透明度，移动、调整时发生变化；⑦复制透明度相关属性用于应用到新的对象中；⑧删除透明效果。

（13）交互式轮廓图工具属性栏，如图 0-29 所示。

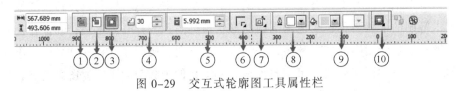

图 0-29　交互式轮廓图工具属性栏

图中：①从外框到对象中心制作轮廓图效果，步数自动生成；②向内部制作对象轮廓图效果；③向外部制作对象轮廓图效果；④对象轮廓图的步数；⑤对象轮廓图的步长；⑥设置轮廓图角的类型；⑦设置轮廓图颜色的渐变方式，有顺序、逆时针、顺时针 3 种；⑧设置轮廓图的轮廓颜色；⑨设置轮廓图的填充颜色；⑩设置轮廓图的填充颜色渐变加速和对象渐变效果。

（14）交互式变形工具属性栏，如图 0-30 所示。

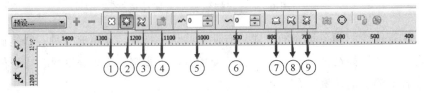

图 0-30　交互式变形工具属性栏

图中：①制作推拉变形效果；②制作拉链变形效果；③制作扭曲旋转变形效果；④添加新变形效果到已经有变形的对象上；⑤变形的振幅；⑥变形的频率，在拉链变形时出现；⑦随机获取变形的效果；⑧使用变形效果的节点平滑；⑨局部变形，离变形中心越近变形效果越大。

（15）交互式封套工具属性栏，如图 0-31 所示。

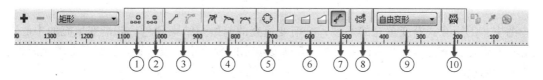

图 0-31　交互式封套工具属性栏

图中：①增加封套的节点；②减少封套的节点；③封套节点直线与曲线之间的转换；④封套的节点形式，有尖突、平滑、对称 3 种；⑤将使用封套效果的对象转为曲线；⑥封套的线模式，有直线、单弧线、双弧线；⑦非强制性模式，可通过节点手柄自由变形，随机获取变形的效果；⑧添加新的封套；⑨映像模式，可选择封套对象的调整方式；⑩让对象保留直线效果。

（16）交互式阴影工具属性栏，如图 0-32 所示。

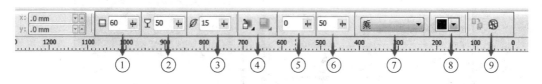

图 0-32　交互式阴影工具属性栏

图中：①设置交互式阴影的角度；②设置交互式阴影的透明度；③设置交互式阴影的羽化程度；④设置交互式阴影的羽化方向；阴影的羽化方式，有线性、方形、反白、平面 4 种；⑤阴影的淡出调整；⑥调整阴影淡出的长度；⑦阴影与下面对象的合成效果；⑧阴影的颜色；⑨删除阴影。

（17）交互式立体化工具属性栏，如图 0-33 所示。

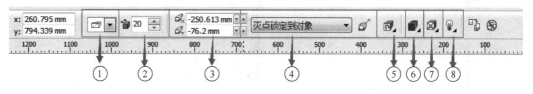

图 0-33　交互式立体化工具属性栏

图中：①立体化，可根据透关系设置不同的类型；②设置立体化的深度；③立体化对象的灭点坐标；④灭点坐标锁定方式；⑤旋转立体化对象；⑥立体化对象颜色填充方式；⑦立体化对象的斜角修饰设置；⑧立体化对象灯光设置。

（18）交互式渐变填充工具属性栏，如图 0-34 所示。

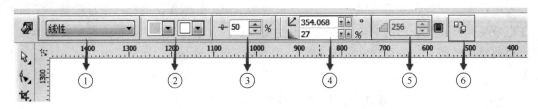

图 0-34　交互式渐变填充工具属性栏

图中：①交互式渐变填充的类型；②渐变填充的起始与结束颜色；③渐变填充的中心点设置；④渐变填充旋转角度和长度设置；⑤渐变填充的颜色步长设置；⑥复制渐变填充属性。

2．泊坞窗

泊坞窗显示与对话框类型相同的控件，如命令按钮、选项和列表框。与其他大多数对话框不同，在操作文档时泊坞窗可以一直打开，以便使用各种命令来尝试不同的效果。

泊坞窗既可以停放，也可以浮动。停放泊坞窗就是将泊坞窗附加到应用程序窗口的边缘。取消停放泊坞窗就是将它与工作区的其他部分分离，以便移动泊坞窗。也可以折叠泊坞窗以节省屏幕空间，如图 0-35 所示。

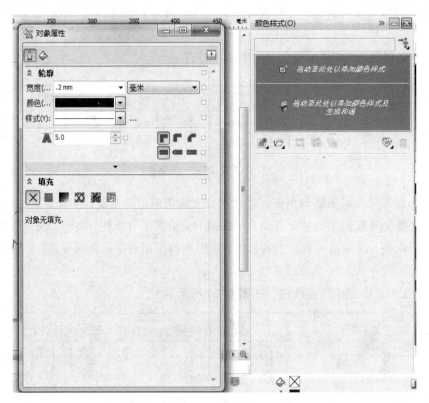

图 0-35　泊坞窗

（三）工具栏的认识

1．标准工具栏

默认情况下显示标准工具栏，其中包含许多菜单命令的快捷方式按钮，如表 0-1、表 0-2所示。

表 0-1　标准工具栏 A

图　标	功　能
	新建绘图
	打开绘图
	保存绘图
	打印绘图
	剪切对象
	复制对象
	粘贴内容
	撤销操作
	恢复撤销
	搜索
	导入绘图
	导出绘图

表 0-2　标准工具栏 B

图　标	功　能
	启动 CorelDRAW 程序
	打开欢迎屏幕
36%	设置缩放级别
贴齐(P)	启用或禁用自动对齐
	打开"选项"对话框

2. 工具箱

打开展开工具栏可以显示一系列相关的 CorelDRAW X6 工具。工具箱按钮右下角的小箭头表示展开工具栏：如形状编辑展开式工具（ ）。单击展开工具栏箭头可以打开一组相关工具。单击并拖动展开工具栏末端的抓取手柄，可以将展开工具栏设置为扩展形式，CorelDRAW X6 工具箱中的工具图标、用途和图例如表 0-3 所示。

表 0-3　CorelDRAW X6 工具箱中的工具图标、用途和图例

图标	用途	图例	图标	用途	图例
	挑选工具允许选择对象、设置对象大小、倾斜和旋转对象			手绘挑选工具可使用手绘选择选取框选择对象	
	形状工具允许编辑对象的形状			涂抹笔刷工具允许沿矢量对象的轮廓拖动对象以使其变形	
	粗糙笔刷工具允许沿矢量对象的轮廓拖放对象以使其轮廓变形			自由变换工具可进行自由旋转、自由角度镜像、自由缩放以及自由倾斜工具变换对象	
	涂抹工具可沿对象的轮廓延长或缩进来绘制对象形状			转动工具可沿对象的边拖动来创建转动效果	
	吸引工具可将节点吸引至光标绘制对象形状			排斥工具可将节点推离光标来标绘制对象形状	
	裁剪工具允许从对象移除不需要的区域			刻刀工具允许切割对象	
	橡皮擦工具允许移除绘图中的区域			虚拟段删除工具允许删除对象交叉的部分	
	缩放工具可更改绘图窗口中的缩放级别			平移工具允许控制绘图窗口中绘图的可见部分	
	手绘工具允许绘制单个线段和曲线			2 点线允许绘制两点直线段	
	贝塞尔工具允许一次一段地绘制曲线			可以用艺术笔工具访问笔刷、喷罐、书法和压力 4 种工具	

续表

图标	用途	图例	图标	用途	图例
	笔工具允许一次一段曲线地绘制曲线			B-spline 工具允许通过设置控制点给曲线造形来绘制出曲线，而不需要分成若干线段绘制	
	折线工具允许在预览模式下绘制直线和曲线			3 点曲线工具允许通过定义起始点、结束点和中心点来绘制曲线	
	智能填充工具允许从闭合区域创建对象并对其进行填充			智能绘图工具可以将绘制的手绘笔触转换为基本形状和平滑曲线	
	矩形工具允许绘制矩形和方形			3 点矩形工具允许以一个角度绘制矩形	
	椭圆形工具允许绘制椭圆形和圆形			3 点椭圆形工具允许以一个角度绘制椭圆形	
	多边形工具允许绘制对称多边形和星形			星形工具允许绘制完美星形	
	复杂星形工具允许绘制有相交边的复杂星形			图纸工具允许绘制与图纸上类似的网格线	
	螺纹工具允许绘制对称式螺纹和对数式螺纹			基本形状工具允许从各种形状中进行选择，包括六角星形、笑脸和直角三角形	
	流程图形状工具允许绘制流程图符号			箭头形状工具允许绘制各种形状、方向以及不同端头数的箭头	
	标注形状工具允许绘制标注和标签			标题形状工具允许绘制丝带对象和爆炸形状	

续表

图标	用途	图例	图标	用途	图例
字	文本工具允许在屏幕上直接键入文字作为美术字或段落文本			表格工具允许绘制和编辑各种表格	
	平行度量工具允许绘制倾斜的度量线			水平或垂直度量工具允许绘制水平或垂直度量线	
	角度量工具允许绘制角度量线			线段度量工具允许显示一条或多条线段中结束节点之间的距离	
	3 点标注工具可使用两段指示线绘制标注			直线连结器工具允许绘制直线连接线	
	直角圆形连接器工具允许绘制带有弯曲的角的直角连接线			直角连接器工具允许绘制直角连接线	
	调和工具允许调和两个对象			编辑锚点工具允许修改连接线锚点	
	变形工具允许向对象应用推拉变形、拉链变形或扭曲变形			轮廓图工具允许向对象应用轮廓图	
	阴影工具允许向对象应用阴影			封套工具允许拖动封套的节点绘制对象的形状	
	透明度工具允许向对象应用透明效果			立体化工具允许向对象应用纵深感	

续表

图标	用途	图例	图标	用途	图例
	颜色滴管工具可从绘图窗口或桌面的对象中选择并复制颜色			填充工具将打开展开工具栏，可以快速访问填充对话框等项目	
	轮廓工具将打开展开工具栏，可以快速访问轮廓笔对话框和轮廓颜色对话框等项目			属性滴管工具允许为绘图窗口中的对象选择并复制对象属性，如线条粗细、大小和效果	
	交互式填充工具允许应用各种填充			网状填充工具允许向对象应用网格	

四、入门项目：“汽车销售广告”的制作

正确绘制出“汽车销售广告”，最终效果如图 0-36 所示。

图 0-36　“汽车销售广告”最终效果

本项目通过对“汽车销售广告”的制作，学会对 CorelDRAW X6 中导入命令、保存命令的运用。

1. 广告制作步骤的分析

本广告制作由 4 部分组成：①导入创意图片；②导入车图片；③导入 Logo；④输入文字，

如图 0-37 所示。

①导入创意图片

③导入logo　④输入文字　②导入车图片

图 0-37　汽车销售广告由制作步骤示意图

2. 导入图片

（1）新建文件。启动 CorelDRAW X6，单击"新建文件"按钮 或选择【文件】→【新建】命令，在弹出的"创建新文档"对话框中单击"确定"按钮，新建一个文件，如图 0-38 所示。

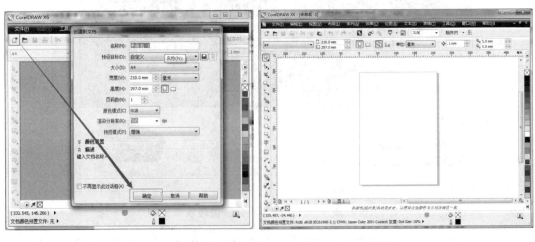

图 0-38　"创建新文档"对话框和新建页面效果

（2）设置页面的方向。单击"页面横向"按钮 ，设置页面为横向，如图 0-39 所示。

图 0-39　设置页面为横向

（3）导入图片，并移到合适位置。

① 单击"导入文件"按钮 或选择【文件】→【导入】命令，在弹出的对话框中选择需要的文件，单击"导入"按钮，如图 0-40 所示。

图 0-40　导入图片的对话框和方法图示

② 单击"选择工具"按钮 ，选择图片并移动到合适位置，如图 0-41 所示。

图 0-41　移动图片到合适位置效果

知识链接

CorelDRAW X6 能导入图片的格式如图 0-42 和图 0-43 所示。

JPG - JPEG 位图 (*.jpg;*.jtf;*.jff;*.jpeg)
AI - Adobe Illustrator (*.ai;*.eps;*.pdf)
GIF - CompuServe Bitmap (*.gif)
TIF - TIFF 位图 (*.tif;*.tiff;*tp1)
RTF - Rich Text Format (*.rtf)

所有文件格式 (*.*)
AI - Adobe Illustrator (*.ai;*.eps;*.pdf)
BMP - Windows 位图 (*.bmp;*.dib;*.rle)
BMP - OS/2 Bitmap (*.bmp;*.dib;*.rle)
CAL - CALS Compressed Bitmap (*.cal)
CLK - Corel R.A.V.E. (*.clk)
CDR - CorelDRAW (*.cdr)
CDX - CorelDRAW Compressed (*.cdx)
CGM - 计算机图形图元文件 (*.cgm)
CGZ - 压缩的 CGM (*.cgz; *.cgmz)
CMX - Corel Presentation Exchange (*.cmx)
CMX - Corel Presentation Exchange Legacy (*.cmx)
CMX - Corel Presentation Exchange 5.0 (*.cmx)
CPT - Corel PHOTO-PAINT Image (*.cpt)
CPX - Corel CMX Compressed (*.cpx)
CSL - Corel Symbol Library (*.csl)
CUR - Windows 3.x/NT Cursor Resource (*.cur;*.exe;*.dll)
DES - Corel DESIGNER (*.des)
DOC、DOCX - MS Word (*.doc;*.docx)
DSF, DRW, DST, MGX - Corel/Micrografx Designer (*.dsf;*.drw;*.ds4;*.dst;*.mgx)
DWG - AutoCAD (*.dwg)
DXF - AutoCAD (*.dxf)
EMF - Enhanced Windows Metafile (*.emf)
EXE - Windows 3.x/NT Bitmap Resource (*.exe;*.dll)

FH - Macromedia Freehand (*.fh8;*.fh7)
FMV - Frame Vector Metafile (*.fmv)
FPX - Kodak FlashPix Image (*.fpx)
GEM - GEM File (*.gem)
GIF - CompuServe Bitmap (*.gif)
GIF - GIF Animation (*.gif)
HTM - HyperText Markup Language (*.htm;*.html)
ICO - Windows 3.x/NT Icon Resource (*.ico;*.exe;*.dll)
IMG - GEM Paint File (*.img)
JP2 - JPEG 2000 位图 (*.jp2;*.j2k)
JPG - JPEG 位图 (*.jpg;*.jtf;*.jff;*.jpeg)
MAC - MACPaint Bitmap (*.mac)
MET - MET MetaFile (*.met)
NAP - NAP MetaFile (*.nap)
PCD - Kodak Photo-CD Image (*.pcd)
PCX - PaintBrush (*.pcx)
PDF - Adobe 可移植文档格式 (*.pdf)
PIC - Lotus Pic (*.pic)
PCT - Macintosh PICT (*.pct;*.pict)
PLT - HPGL Plotter File (*.plt;*.hgl)
PNG - 可移植网络图形 (*.png)
PP4 - Picture Publisher 4 (*.pp4)
PP5 - Picture Publisher 5.0 (*.pp5)
PPF - Picture Publisher (*.ppf)
PPT - Microsoft PowerPoint (*.ppt)
PS, EPS, PRN - PostScript (*.ps;*.eps;*.prn)
PSD - Adobe Photoshop (*.psd;*.pdd)

图 0-42　CorelDRAW X6 能导入图片的格式 a

PSP - Corel Paint Shop Pro (*.pspimage)
PUB - MS Publisher 文档格式 (*.pub)
RAW - Camera RAW (*.orf;*.nef;*.mrw;*.thm;*.crw;*.cr2;*.raf;*.dng;*.dcr;*.kdc;*.pef;*.raw;*.mos;*.srf;*.sr2;*.arw;*.srw;*.nrw;*.rw2)
RIFF - Painter (*.rif)
RTF - Rich Text Format (*.rtf)
SCT - Scitex CT Bitmap (*.sct;*.ct)
SHW - Corel Presentations (*.shw)
SVG - Scalable Vector Graphics (*.svg)
SVGZ - Compressed SVG (*.svgz)
TGA - Targa Bitmap (*.tga;*.vda;*.icb;*.vst)
TIF - TIFF 位图 (*.tif;*.tiff;*tp1)
TXT - ANSI Text (*.txt)
VSD - Visio (*.vsd)
WB, WQ, - Corel Quattro Pro (*.wq1;*.wb1;*.wb2;*.wb3)
WK - LOTUS 1-2-3 (*.wks;*.wk1;*wk3;*.wk4)
WMF - Windows Metafile (*.wmf)
WP4 - Corel WordPerfect 4.2 (*.wp;*.wp4;*.doc)
WP5 - Corel WordPerfect 5.0 (*.wp;*.wp5;*.wpd;*.doc)
WP5 - Corel WordPerfect 5.1 (*.wp;*.wp5;*.wpd;*.doc)
WPD - Corel WordPerfect 6/7/8/9/10/11 (*.wpd;*.wp6;*.wp)
WPG - Corel WordPerfect Graphic (*.wpg)
WSD - WordStar 2000 (*.wsd)
WSD - WordStar 7.0 (*.wsd)
WI - Wavelet Compressed Bitmap (*.wi;*.wvl)
XCF - Gimp Image (*.xcf)
XPM - XPixMap Image (*.xpm)
XLS - Microsoft Excel (*.xls)

图 0-43　CorelDRAW X6 能导入图片的格式 b

（4）运用同样的方法导入汽车图片与 Logo 图片，如图 0-44 所示。

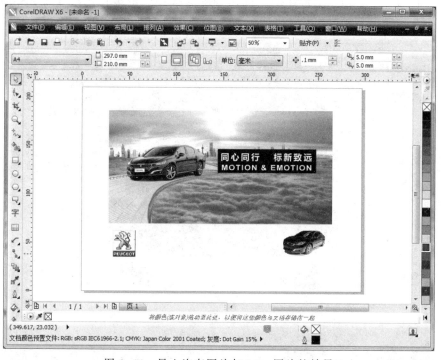

图 0-44　导入汽车图片与 Logo 图片的效果

（5）输入文字。单击"文字工具"按钮 字，在空白处单击，输入文字，并在文字属性面板中修改文字大小与字体，具体参数如图 0-45 所示。

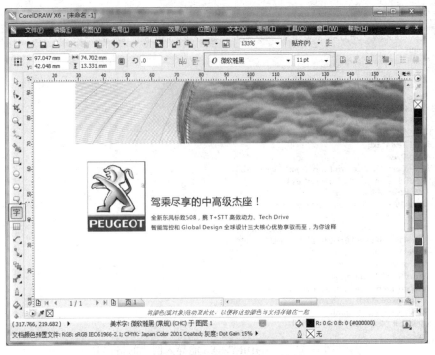

图 0-45　文字属性的设置和效果

（6）绘制边框。单击"矩形工具"按钮，在空白处单击拖拉出一个矩形，如图 0-46 所示。

图 0-46　绘制矩形的效果

15. 答：通常为设计锁定轨温±5 ℃，困难条件下也可严格控制施工锁定轨温的变化范围，取为±3 ℃。

16. 答：整体性好、强度高、刚度大、绝缘性能好、寿命长、养护少。

17. 答：接触焊的基本原理是利用电流通过某一电阻时所产生的热量熔接焊件，再经顶锻以达焊接目的。

18. 答：钢轨的铝热焊是利用焊剂中的铝在高温条件下与氧有较强的化学亲合力，它从重金属的氧化物中夺取氧，使重金属还原，同时放出热量，将金属熔成铁水，浇铸施焊而成。

19. 答：普通无缝线路每段应设位移观测桩 5~7 对，固定区较长时，可适当增加对数（其中固定区中间点 1 对，伸缩区始、终点各 1 对，其余设置在固定区。

20. 答：设置 7 对位移观测桩（单元轨条起、讫点，距单元轨条起、讫点 100 m 及 400 m 和单元轨条中点各设置 1 对。

21. 答：设置 6 对位移观测桩（单元轨条起、讫点，距单元轨条起、讫点 100 m 及 400 m 各设置 1 对。

22. 答：（1）在维修地段按照需要备好石砟。（2）测量钢轨位移，分析锁定轨温变化情况，并根据变化后的锁定轨温安排养护维修作业。（3）拧紧扣件螺栓和接头夹板螺栓。（4）拨直不良轨向。

23. 答："一清"（维修作业半日一清，紧急补修作业一撬一清）、"三测"（作业前、作业中、作业后测量轨温）、"四不超"（作业不超温、扒砟不超长、起道不超高、拨道不超量）制度。

24. 答：作业时应经常注意线路状态，如发现起道省力、线路方向不良、碎弯增多、拨道拨不动或拨好一处附近又鼓出、高低水平不好、连续空吊板、一端枕头石砟离缝等胀轨预兆，应立即停止作业，设置防护，采取必要降温措施，防止胀轨跑道。

25. 答：作业后要组织全面回检，在炎热天气或作业地段方向不良时，要留人看守，注意变化，发现异状及时采取措施。

26. 答：限位器联结螺栓、翼轨间隔铁联结螺栓、道岔半焊时侧股末端的高强度接头螺栓。

27. 答：无缝线路的特点是其承受着巨大温度力的作用，因此应对在温度力作用下轨道的状况进行必要的巡察，以便能及时发现跨区间无缝线路出现的异常，采取必要的维修措施加以补救，避免隐患。

28. 答：总放散量要够，沿钢轨放散要匀，锁定轨温要准。同时要结合放散应力，整治线路爬行。

29. 答：当钢轨断缝不大于 50 mm 时，应立即进行紧急处理。在断缝处上好夹板或臌包夹板，用急救器固定，在断缝前后各 50 m 拧紧扣件，并派人看守，限速 5 km/h 放行列车。如断缝小于 30 mm 时，放行列车速度为 15~25 km/h，有条件时应在原位焊复，否则应在轨端钻孔，上好夹板或臌包夹板，拧紧接头螺栓，然后可适当提高行车速度。

30. 答：钢轨折损严重或断缝大于 50 mm，以及紧急处理后，不能立即焊接修复时，应封锁线路，切除折损部分，两锯口间插入长度不短于 6 m 的同型钢轨，轨端钻孔，上接头夹板，用 10.9 级螺栓拧紧；在短轨前后各 50 m 范围内，拧紧扣件后，按正常速度放行列车，但不得大于 160 km/h。

31. 答：根据用途和平面形状，道岔和交叉设备有单开道岔（普通单开道岔、提速道岔）、对称道岔、三开道岔、交叉渡线、交分道岔五种标准类型。

32. 答：（1）曲股基本轨的弯折点位置或弯折尺寸不符合要求，造成轨距不符合规定。

（2）基本轨垂直磨耗，60 kg/m 及以上钢轨，在允许速度大于 120 km/h 的正线上超过 6 mm，其他正线上超过 8 mm，到发线上超过 10 mm，其他站线上超过 11 mm。

（3）其他伤损达到钢轨轻伤标准时。

33. 答：在辙叉的翼轨尾端的轨墙上，应铸出高度不小于 2 mm、宽度不小于 15 mm，按下列顺序排列的标志：

（1）工厂标志或代号；

（2）辙叉类型和以制造年份最后两个字为首的辙叉编号；

（3）钢种符号：GM。

34. 答：产生以下裂纹的高锰钢辙叉应进行焊修，焊修合格后可以再用：

（1）心轨宽 50 mm 以后部分裂纹虽未超过 130 mm，但已发展到轨面；

（2）翼轨部分裂纹虽未超过 100 mm，但已发展到轨面；

（3）辙叉垂直裂纹超过 30 mm。

35. 答：辙叉心宽 40 mm 断面处，辙叉心垂直磨耗（不含翼轨加高部分），50 kg/m 及以下钢轨，在正线上超过 4 mm，到发线上超过 6 mm，其他站线上超过 8 mm；60 kg/m 及以上钢轨，在允许速度大于 120 km/h 的正线上超过 4 mm，其他正线上超过 6 mm，到发线上超过 8 mm，其他站线上超过 10 mm；可动心轨宽 40 mm 断面及可动心轨宽 20 mm 断面对应的翼轨垂直磨耗（不含翼轨加高部分）超过 4 mm。

36. 答：（1）辙叉顶面和侧面的任何部位有裂纹；

（2）辙叉心、翼轨工作面剥落掉块，在允许速度大于 120 km/h 的线路上长度超过 15 mm，且深度超过 3 mm；在其他线路上长度超过 15 mm，且深度超过 3 mm。

37. 答：钢轨组合辙叉的垂直磨耗比照高锰钢整铸辙叉办理，其他伤损比照钢轨轻重伤标准办理。辙叉有轻伤时，应注意检查观测，达到重伤标准时应及时更换。

38. 答：平行线间的单渡线和复式交叉渡线；平行线间的交叉渡线和缩短交叉渡线；不平行线间的单渡线以及曲线间的单渡线等。

39. 答：为了保证辙叉的心轨尖端不受车轮冲击，故将菱形辙叉的翼轨延长，兼作菱形锐角辙叉护轨之用。同样，菱形锐角辙叉的翼轨也可兼作单开道岔辙叉护轨之用。

40. 答：应经常检查辙叉各部螺栓、铆钉、联结零件，基本轨底和腹部，轨撑、滑床台磨耗或变形的，应及时整修焊补、更换不良岔枕。对侧向行车速度高的道岔，转辙器尖端两基本轨间，应采取连接加强措施。

41. 答：将小断面向外，大断面向里，看间隔铁的铁耳。如铁耳高度出现高差，右侧大于左侧的为右股间隔铁；左侧大于右侧的为左股间隔铁。

42. 答：干线提速以后，由于行车速度的提高，设备基础条件差，按发生晃车的部位可分为直线晃车、曲线晃车、岔区晃车、桥梁晃车、桥涵与路基过渡段晃车等。

43. 答：钢轨折断是指发生下列情况之一者：

（1）钢轨全截面断裂；

（2）裂纹贯通整个轨头截面；

（3）裂纹贯通整个轨底截面；

（4）允许速度不大于 160 km/h 区段钢轨顶面上有长度大于 50 mm 且深度大于 10 mm

· 158 ·

的掉块，允许速度大于 160 km/h 区段钢轨顶面上有长度大于 30 mm 且深度大于 5 mm 的掉块。

44. 答：测量最低处矢度，包括轨端轨顶面压伤和磨耗在内。不同速度段标准为：

（1）允许速度 v_{max} ＞160 km/h 时，钢轨低头超过 1 mm 时为轻伤，超过 1.5 mm 时为重伤。

（2）160 km/h≥允许速度 v_{max} ＞120 km/h 时，钢轨低头超过 1.5 mm 时为轻伤，超过 2.5 mm 时为重伤。

（3）允许速度 v_{max} ≤120 km/h 时，钢轨低头超过 3 mm 时为轻伤，超过 3.5 mm 时为重伤。

45. 答：地掘成图机图、轨检车地面成图分为两类，一是轨检车计算机逻辑计算推导出的标志，主要包括公里标、轨会里断、自动报警；轨检车 ALD 装置感应地面金属材料打出的识别标志，主要包括道岔标志、道口标志、桥梁护轨梭头、电容等标志。

46. 答：经常使用轨道质量指数（TQI），能有效地增加维修养护投入的合理性；有利于设备质量的均衡提高，有利于设备质量的稳定，进而促进设备安全。

47. 答：（1）折断。

（2）中间两螺栓孔范围内裂纹：正线、到发线有裂纹，其他站线平直及异型夹板超过 5 mm，双头及鱼尾型夹板超过 15 mm。

（3）裂纹发展到螺栓孔。

48. 答：螺栓折断，严重锈蚀、丝扣损坏或杆径磨耗超过 3 mm，不能保持规定的扭矩。垫圈折断或失去弹性。

49. 答：基本轨前接头处轨距（等于或略大于 1 435）；尖轨尖端轨距；尖轨跟端在侧线或直线上轨距；导曲线中部轨距。

50. 答：复式交分道岔是缩短车站咽喉长度、减少车站用地、提高调车作业效率的良好设备。其长度略长于单开道岔，而其作用相当于两组对向的单开道岔。

51. 答：由动力、机械传动系统、液压系统、振捣机械、支架、走行机构和下道装置 6 部分组成。

52. 答：液压捣固机是以电动机或内燃机为动力，驱动振捣机构，以及升降和夹实机构启动工作，将道砟振捣密实。

53. 答：（1）切断捣固机电源，下道时两人应密切配合，动作要协调迅速，推机要平稳，用力要合适，严防捣固机翻倒或脱轨；（2）下道后要使捣固机定位，插好安全插销，严防过车时因振动而脱位。

54. 答：（1）大机捣固作业区段道床存在板结现象；（2）作业时给定的起道量偏低；（3）接触网导高影响作业；（4）大机不能捣固的处所；（5）其他的原因。

55. 答：各项偏差等级划分为四级：Ⅰ级为保养标准，Ⅱ级为舒适度标准，Ⅲ级为临时补修标准，Ⅳ级为限速标准。

56. 答：检查的项目为轨距、水平、高低、轨向、三角坑、车体垂向振动加速度和横向振动加速度七项。

57. 答：轨向、高低、线路锁定、道床清筛、捣固质量、路基排水。

58. 答：一是要符合作业验收标准，二是允许速度大于 120 km/h 线路轨距变化率不得大于 1‰，其他线路不得大于 2‰。

59.（1）直线目视顺直，符合作业验收标准。（2）曲线方向圆顺，曲线正矢符合作业验收标准。（3）曲线始、终端不得有反弯或"鹅头"。

60. 答：（1）捣固、夯拍均匀。（2）空吊板：无连续空吊板；连续检查 50 头，正线、到发线不得超过 8%，其他站线不得超过 12%。

61. 答：（1）清筛清洁，道砟中粒径小于 25 mm 的颗粒质量不得大于 5%。（2）清筛深度达到设计要求。（3）道床密实、符合设计断面。边坡整齐。

62. 答：（1）位置方正、均匀，间距和偏斜误差不得超过 40 mm。（2）无失效，无严重伤损。（3）混凝土宽枕间距和偏斜误差均不得超过 30 mm。

63. 答：（1）标志齐全、正确，字迹清晰。（2）钢轨上的标记齐全、正确、清晰。（3）弃土清除干净。（4）无散失道砟。

64. 答：成组更换新道岔主要验收项目是轨向、高低、道床清筛和捣固质量、尖轨、动心轨、辙叉与护轨状态、道岔锁定轨温。

（五）计 算 题

1. 解：$a_g=18$ mm；$T_{max}=61$ ℃；$T_{min}=-19$ ℃；$t_0=28.2$ ℃；$\alpha=0.011\,8$ mm/(m·℃)；$L=12.5$ m。

（1）求中间轨温

根据公式 $t_z=\dfrac{1}{2}(T_{max}+T_{min})$ 则

$$t_z=1/2\,[61+(-19)]=21\ (℃)$$

（2）求预留轨缝

根据公式 $a_0=\alpha L(2t_z-t_0)+\dfrac{1}{2}a_g$ 则

$$a_0=0.011\,8\times12.5\times(2\times21-28.2)+1/2\times18=7.9\ (\text{mm})$$

答：作业时应预留轨缝 7.9 mm。

2. 解：$t_护=1\,435-(1\,391\sim1\,394)=41\sim44$ mm。

答：《铁路线路修理规则》规定，护轨平直段轮缘槽宽度为 42 mm。

3. 解：尖轨动程的计算公式为

$$l_{尖}=\dfrac{S_{工作}-S_{非工作}}{l_{尖}}$$

$$=\dfrac{6\,250-380}{6\,250}=148.3\ \text{mm}$$

答：9 号道岔最小尖轨动程 $a_{拉}$ 为 148.3 mm。

4. 解：已知 400 mm/km=2.5 m/mm

超限峰值：$h=9$ mm×1=9 mm

超限长度：$l=2$ mm×2.5 m/mm=5 m

答：超限峰值为 9 mm，超限长度为 5 m，实际超限为 I 级。

5. 解：已知 $R=1\,786$ m，$H=61.4$ mm，$H_c=75$ mm

根据公式 $H_c=11.8\dfrac{v_{max}^2}{R}-H$ 可得

会标、厂标、社标等，有为某种商品产品专用的商标，还有为集体或个人所属物品专用的，如图章、签名、花押、落款、烙印等，都各自具有不可替代的独特功能。具有法律效力的标志还兼有维护权益的特殊使命。

（2）识别性

标志最突出的特点是各具独特面貌，易于识别，显示事物自身特征，标识事物间不同的意义、区别与归属是标志的主要功能。各种标志直接关系到国家、集团乃至个人的根本利益，决不能相互雷同、混淆，以免造成错觉。因此标志必须特征鲜明，令人一眼即可识别，并过目不忘。

（3）显著性

显著是标志又一重要特点，除隐形标志外，绝大多数标志的设置就是要引起人们注意。因此色彩强烈醒目、图形简练清晰，是标志通常具有的特征。

（4）多样性

标志种类繁多、用途广泛，无论从其应用形式、构成形式、表现手段来看，都有着极其丰富的多样性。

① 应用形式：不仅有平面的（几乎可利用任何物质的平面），还有立体的（如浮雕、园雕、任意形立体物或利用包装、容器等的特殊式样做标志等）。

② 构成形式：有直接利用物象的，有以文字符号构成的，有以具象、意象或抽象图形构成的，有以色彩构成的，多数标志是由几种基本形式组合构成的。

③ 表现手段：其丰富性和多样性几乎难以概述，而且随着科技、文化、艺术的发展，总在不断创新。

（5）艺术性

凡经过设计的非自然标志都具有某种程度的艺术性。既符合实用要求，又符合美学原则，给人以美感，是对其艺术性的基本要求。一般来说，艺术性强的标志更能吸引和感染人，给人以强烈和深刻的印象。

标志的高度艺术化是时代和文明进步的需要，是人们越来越高的文化素养的体现和审美心理的需要。

（6）准确性

标志无论要说明什么、指示什么，无论是寓意还是象征，其含义必须准确。首先要易懂，符合人们认知心理和认知能力。其次要准确，避免意料之外的狭义或误解，尤应注意禁忌。让人在极短时间内一目了然、准确领会无误，这正是标志优于语言、快于语言的长处。

项目1 "哎哎艺术中心"标志的制作

实训项目

正确绘制出"哎哎艺术中心"标志，如图1-1所示。

20. 试述菱形交叉钝角辙叉撞尖的预防和整治方法。

21. 试述交叉渡线道岔（图23）在同一平面起道的作业方法。

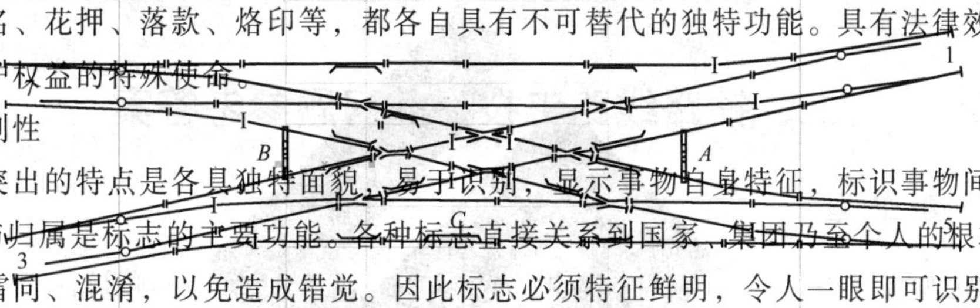

图 23

22. 试述整治提速道岔不密贴的方法。

23. 分析提速线路路基产生病害的原因。

24. 加强提速线路道岔、钢轨的主要措施有哪些？

25. 试述提速道岔框架尺寸不能保持而经常扩大的原因及整治方法。

26. 分析轨道检查车高低超限波型的波长对应的病害。

27. 曲线侧磨严重地段，现场轨距良好但轨检车检测变化较大的原因是什么？

（七）绘图题

1. 请画出单式对称道岔示意图，并标出道岔前长、道岔后长和辙叉角。

2. 请画出三开道岔示意图，并标出道岔前长、道岔后长和辙叉角。

3. 请绘出GJ-4型轨道检查车的公里标、半公里标、百米标标志图。

4. 请绘出GJ-4型轨道检查车道岔标志、道口标志、桥梁护轨梭头标志。

5. 某段无缝线路，冬季发生断轨，画出断轨以后温度力分布示意图。

二、铁路线路工技师练习题参考答案

（一）填 空 题

1. 轨道加强设备	2. 平顺性	3. 防爬设备
4. 大修周期	5. 行车速度	6. 77.08 cm^2
7. 冲击韧性	8. 周期性不平顺	9. 缩短轨
10. 合理倒换	11. 全长淬火	12. 1/2 侧面磨耗
13. 1/3 处	14. 重伤和折断	15. 有明显的标记
16. 更换或处理	17. "伤损钢轨月报"	18. 焊补
19. 合理安排润滑	20. 涂抹防锈剂	21. 调边
22. 全断面垂直锯断	23. 稳定性	24. 道岔
25. 项目目标	26. 横向坡度	27. 非金属材料套管
28. 应使树心一面	29. 钻孔	30. Ⅲ型弹条扣件
31. 混凝土挡肩	32. 工务段	33. 异型钢轨联结
34. 胶接绝缘接头	35. 抵抗破碎	36. 不洁程度
37. 300 mm	38. 竣工验收	39. 薄弱
40. 多缝和曲线	41. 直线和圆曲线	42. 变坡点
43. 相贴方式	44. 纤维长度	45. 绝缘轨距杆
46. 长钢轨线路	47. 施工锁定轨温	48. 当地最低气温
49. 胀轨阶段	50. 道床横向阻力	51. 道床横向阻力
52. 轨道结构	53. 胶接绝缘接头	54. 50 m
55. 温度应力大	56. 准确、可靠	57. 丰满、密实
58. 预防与整治	59. 及时整治	60. 控制
61. 拧紧程度	62. 及时处理	63. 紧固
64. 尽快更换	65. 密实	66. 及时处理
67. 锁定轨温	68. 做好登记	69. 单开道岔
70. 不密贴	71. 连接部分	72. 轻伤和重伤
73. 左侧	74. 右侧	75. 焊修再用
76. 断面大	77. 轨腰	78. 轨端
79. 失格公里	80. 焊接	81. 拉开距离
82. 重伤	83. 钢轨	84. 钢轨
85. 重伤标准	86. 单开	87. 及时补充
88. 不能容许	89. 道床、轨枕	90. AT12 号
91. 13 880 mm	92. 弹片	93. 轨距尺
94. 电阻	95. 轨道正负	96. 半峰值
97. 三角坑	98. 保养标准	99. 舒适度标准

图 1-1 "哎哎艺术中心"标志效果图

图 1-2 "哎哎艺术中心"标志的制作分析

100. 限速标准　　　　　101. 100 分　　　　　102. 高低

103. 轴向　　　　　104. 累计通过总重　　　　　105. 300～400 Mt

106. 100～150 Mt　　　　　107. 1 456 mm　　　　　108. +6 mm，−4 mm

109. +3 mm，−2 mm　　　　　110. +3 mm，−2 mm　　　　　111. +5 mm，−4 mm

112. +4 mm，−2 mm　　　　　113. 4 mm　　　　　114. 4 mm

115. 3 mm　　　　　116. 质量检查标准　　　　　117. 质量管理标准

118. 质量控制标准　　　　　119. 机车检查率　　　　　120. 实标值

121. 超高顺坡量　　　　　122. 扭曲量　　　　　123. +4 mm，−3 mm

124. +8 mm，−4 mm　　　　　125. +12 mm，−6 mm　　　　　126. +15 mm，−8 mm

127. 5 mm　　　　　128. 8 mm　　　　　129. 12 mm

130. 7 mm　　　　　131. 10 mm　　　　　132. 12 mm

133. 4 mm　　　　　134. 6 mm　　　　　135. 9 mm

136. 12 mm　　　　　137. 0.10 g　　　　　138. 0.15 g

139. 0.20 g　　　　　140. 0.25 g　　　　　141. 0.06 g

142. 0.10 g　　　　　143. 0.15 g　　　　　144. 0.20 g

145. +6 mm，−4 mm　　　　　146. +10 mm，−7 mm　　　　　147. +15 mm，−8 mm

148. +20 mm，−10 mm　　　　　149. 14 mm　　　　　150. 18 mm

151. 15 mm　　　　　152. 20 mm　　　　　153. 12 mm

（二）选择题

1. B	2. B	3. B	4. C	5. B	6. D	7. D	8. C
9. A	10. C	11. B	12. B	13. A	14. D	15. C	16. B
17. D	18. C	19. A	20. B	21. D	22. A	23. A	24. B
25. C	26. B	27. D	28. B	29. A	30. D	31. B	32. C
33. A	34. C	35. C	36. A	37. C	38. C	39. C	40. C
41. B	42. C	43. C	44. B	45. B	46. A	47. B	48. C
49. C	50. C	51. C	52. B	53. C	54. A	55. B	56. B
57. B	58. C	59. A	60. B	61. C	62. A	63. B	64. B
65. B	66. C	67. D	68. C	69. C	70. A	71. A	72. C
73. D	74. C	75. D	76. C	77. D	78. B	79. B	80. A
81. D	82. B	83. B	84. A	85. B	86. A	87. B	88. B
89. D	90. A	91. C	92. A	93. C	94. C	95. B	96. A
97. A	98. B	99. B	100. D	101. D	102. D	103. B	104. D
105. D	106. A	107. C	108. A	109. C	110. D	111. D	112. A
113. D	114. B	115. C	116. B	117. D	118. A	119. A	

（三）判断题

1. ×	2. √	3. √	4. ×	5. √	6. √	7. ×	8. ×
9. ×	10. ×	11. √	12. ×	13. √	14. √	15. √	16. ×
17. ×	18. ×	19. √	20. √	21. ×	22. √	23. ×	24. ×

25. ×　26. ×　27. √　28. √　29. √　30. ×　31. √　32. √
33. √　34. ×　35. √　36. √　37. √　38. ×　39. ×　40. √
41. √　42. √　43. √　44. √　45. √　46. √　47. √　48. ×
49. √　50. √　51. √　52. √　53. √　54. √　55. ×　56. √
57. ×　58. √　59. √　60. √　61. √　62. √　63. √　64. ×
65. ×　66. √　67. √　68. √　69. √　70. √　71. √　72. √
73. √　74. √　75. √　76. √　77. √　78. √　79. √　80. ×
81. √　82. √　83. √　84. √　85. √　86. √　87. √　88. ×
89. √　90. √　91. √　92. √　93. ×　94. √　95. √　96. ×
97. √　98. √　99. √　100. √　101. √　102. √　103. √　104. √
105. ×　106. √　107. √　108. √　109. √　110. ×　111. √

（四）简答题

1. 答：曲线轨道的内轨轨长不一、外轨需要设置超高而内轨则需要内移以实现轨距加宽，列车通过时往往有未被平衡的径向力作用于轨道等。

2. 答：保证两股钢轨受力比较均匀；保证旅客有一定的舒适度；保证行车平稳和安全。

3. 答：高速通过曲线时的旅客舒适性；高速通过曲线时曲线内侧风力使车辆向外倾覆的安全性；养护上的考虑。

4. 答：曲线的始终点、缓和曲线长度、曲线全长、曲线半径、实设超高。

5. 答：旅客舒适条件、运行安全条件。

6. 答：曲线养护维修工作应遵循"预防为主，防治结合，修养并重"的原则。

7. 答：（1）在维修地段应备足道砟。
（2）起道前要先拨开线路方向。
（3）起、拨道机不得放在铝热焊处。
（4）列车通过时，做好拨道的顺接、顺桥。
（5）扒开的道床要及时回填、夯实。

8. 答：可分为温度应力式和放散温度应力式两种。

9. 答：无缝线路的特点是钢轨很长，当轨温变化时，钢轨要发生伸缩，但由于有约束作用，不能自由伸缩，在钢轨内部要产生很大的温度力。

10. 答：钢轨两端接头处由钢轨夹板通过螺栓拧紧，产生阻止钢轨纵向位移的阻力，称接头阻力。

11. 答：中间扣件和防爬设备抵抗钢轨沿轨枕面纵向位移的阻力，称扣件阻力。

12. 答：在春夏之交的 3～5 月份，轨温接近甚至低于锁定轨温，容易放松对道床阻力的重视，而实际上此刻在伸缩区却有可能存在着相当于 20 ℃的温度压力峰，因而导致事故的发生

13. 答：无缝线路作为一种新型轨道结构，其最大特点是在夏季高温季节在钢轨内存在巨大的温度压力，容易引起轨道横向变形。在列车动力或人工作业等干扰下，轨道弯曲变形有时会突然增大，这一现象常称为胀轨跑道（也称胀曲）

14. 答：道床横向阻力是由轨枕两侧及底部与道砟接触面之间的摩阻力和枕端的砟肩阻止横移的抗力组成。

法进行整修。先改后拨两次作业，可达到计划作业的目的，既安全又节省工时。

任务 3 绘制"a"字形的标志

19. 答：（1）护轨垫板压入岔枕，应及时削平。削平时，护轨垫板里口要削得略深一些，约 3～4 mm。**任务要求**

学会运用好线路 CorelDRAM 中水矩形消界绘版长、辙叉心底注与辙叉横移制描造的对象以成以胶轨字形拉生的高度复制现象的方法。

（3）对旧辙叉护轨槽已改为 42 mm 宽的，应将护轨间隔铁改为整体结构。

2．操作步骤

（4）主轨垂直磨耗严重的，应及时更换。对主轨垂直磨耗不到限度的，也可考虑用有
（1）绘制长方形。在工具框中选择"矩形工具"，然后在网格交汇点处单击并拖拉出一垂直磨耗的再用轨制做护轨，以减少主轮与护轨的高差。
个"8 mm×2 mm"长方形（拖拉时注意属性栏中"对象大小的值"的变化），即宽为 8 个网格
20．答：（1）铺设菱形交叉时，必须正确找出辙叉理论交点，横向对齐铺设，保持长轴
高为 2 个网格，如图 1-7 所示。与短轴相互垂直，无大无大病害。

（2）加强日常养护维修，保持几何及主经常处于良好状态。有条件时，可垫辙叉下大胶垫，安设分开式扣件，增加道床弹性，减少辙叉磨耗和伤损，达到伤损程度的应及时更换。

（3）注意静态检查和动态观察，发现短轨方向不良，撞击辙叉叉尖时，可用菱形交叉爬行简易测量法，检测钝角辙叉的爬行方向，确定整治爬行方案，彻底整治。

（4）对辙叉槽宽为 48 mm 不合标准的旧钝角辙叉，应迅速进行技术改造。在未改造前，应将辙叉槽调整到最小限度，轨距尽量加大，保证 1 391 mm 尺寸。

21．答：（1）横向水平调查，确定起道初基点。分别量取横向两个道岔，1 号和 5 号、3 号和 7 号下导曲 A 和 B 水平差，再分别横向量取 1 号和 5 号、3 号和 7 号的水平差，在八股钢轨中确定水平差的最高点，该点即为交叉渡线起道初基点。

（2）纵向水平调查，比较确定起道基点。选择大长平比较好的外直股，在起道初基点相对的外直股，纵向测量轨面水平差 C，比较确定交叉渡线起道基点，从而使交叉渡线保持同 A 平面的起道量。

图 1-7 绘制长方形参数和效果

（2）移动并复制长方形时，运用务前头应检查转换部分接钢分枕是否卡阻。如未发现卡阻则故障与工务部分密切应由电务部门解决。工具，按住左键移动长方形同时按下右键，（注意此时不关松开左键）当看到光标下面出现"+"号时，再同时放开左右键，将复制出一个相同大小的长方形，如图 1-8 所示。
对于道岔不密贴，如是在各牵引点尖轨与基本轨或心轨与翼轨不密贴，则应由电务部门调整。如牵引点密靠而牵引点之间不密靠，则首先应检查牵引点的动程，对不满足第一牵引点动程 160 mm±3 mm，第二牵引点动程 75 mm±3 mm 的，应督促电务部门调整，使之符合标准。其次应检查道岔框架尺寸。

23．答：（1）由岔区外线路原因引起的晃车；

（2）岔区道岔、线路道床、轨枕等不一致引起的晃车；

（3）转辙部分空吊引起晃车；

（4）道岔内部几何尺寸的少量变化引起的晃车；

（5）无缝道岔尖轨爬行引起的晃车；

（6）不良作业习惯引起的晃车；

（7）护轨结构刚度不足引起的晃车；

（8）岔区相邻道岔之间过渡钢轨过短引起的晃车；

图 1-8 移动并复制长方形效果

（9）曲线伸入道岔引起的晃车；道岔与桥涵之间距离太小引起的晃车；

知识要点 岔区部位磨耗复制的晃车技巧的步骤图如 1-9 所示。

24．答：加强对无缝道岔的锁定，特别是加强对直尖轨和曲基本轨的锁定，由于在无缝

道岔的设计上在直尖轨后部和曲基本轨中有应力峰，尖轨和基本轨的相对爬行很难完全避免，但通过加强锁定，减小这个相对爬行量，避免由此引起的晃车还是完全可以做到的。加强锁定的主要措施有：

（1）改进直尖轨根部、内直股钢轨、曲基本轨与岔枕的连接，增加扣件锁定力。

（2）保持道床道砟清洁、密实与饱满。

（3）在直尖轨根部与曲基本轨之间、内直股钢轨与曲基本轨之间设计特殊连接装置，在零应力状态下校正尖轨基本轨位置正确后安装，严格控制直尖轨与曲基本轨的相对位移。

25. 答：道岔框架尺寸经调整好后常不能保持而经常扩大，其原因是垫板和混凝土枕间联结螺栓扭力不足或弹簧垫圈失效，造成垫板外挤引起的，需通过调整框架尺寸，更换弹簧垫圈，紧固螺栓的方法解决。孔径磨旷严重的，还应在孔径内加垫垫片。再次是检查尖轨是否有硬弯，顶铁是否过长。对于尖轨硬弯，应通过矫直或更换等方法来解决；对于顶铁过长的，则应通过打磨或更换等方法来解决。

26. 答：波长在 2m 以内的高低偏差，幅值小，波长短，线路长度的变化率大，是产生轴箱垂直振动加速度的主要原因。

波长在 10 m 左右的高低偏差，主要是使车体产生较大的垂直振动加速度。

波长在 20 m 左右的高低偏差，其幅值大，波长长，主要是使车体产生点头振动。当车体振幅和高低偏差幅值方向相同时，会使车体产生较大的振动加速度。

27. 答：曲线外股钢轨侧磨严重，在现场通过改道作业使轨道轨头以下 16 mm 处的轨距值等于 1 435 mm。但由轨检车检测原理可知，光电头所发射出的激光光点落在轨距检测点上的投影的直径有时可达到 4～5 mm，甚至更大，因此光点会落在轨头以下 16 mm处以下的地方，而这里轨距较标准轨距要小很多（视钢轨侧磨情况而定）。另外，在侧磨较大的曲线地段，由于曲线外股钢轨均存在不同程度的钢轨肥边和波磨或擦伤等病害，原述病害在列车以较高速度通过曲线时，其牵引着列车转向架的振动，而安装轨距检测设备的轨检梁是刚性固定在转向架上的，因此必定会带动光头上下一起振动，使光电头所发射出的光点偏离轨头以下 16 mm 的位置，极大地影响到轨距测量光电头所测出的轨距数值。

（七）绘图题

1. 答：

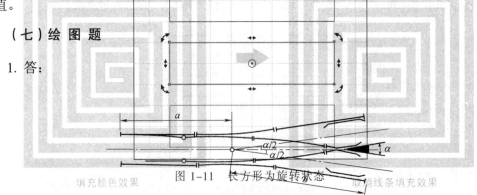

图 1-11　长方形为旋转状态

（5）旋转长方形 90°。选择长方形右上角的旋转符号，按住【Ctrl】键不放，同时旋转长方形 90°，如图 1-12 所示。

a 表示道岔前长，b 表示道岔后长，α 表示辙叉角。

图 24　单式对称道岔

2. 答：

（4）保存文件。单击"保存文件"按钮 ，或选择【文件】→【保存】命令，保存文件名为"标志2"。

项目布置

按照"项目2"中的制作步骤，绘制三开道岔的标志，要求方法正确，图形标准。

技巧小结

1. 运用"矩形工具"，按住【Ctrl】键拖拉可以绘制正方形。

3. 答：

（6）移动长方形。运用"箭头工具"选择长方形，移动到合适的位置，如图1-13所示。

4. 调出轮廓对话框按【F12】键；

5. 群组对象时要选择两个对象以上，群组按钮 才可用，群组的快捷键为【Ctrl+G】

同步练习

1. 按住（　　）键拖拉可以绘制正方形。
　A.【Ctrl】　　　　　B.【Shift】　　　　　C.【Alt】　　　　　D.【Tab】

4. 答：

2. 按（　　）组合键可等距再复制对象。
　A.【Ctrl+D】　　　B.【Ctrl+E】　　　　C.【Ctrl+C】　　　　D.【Ctrl+V】

3. 以对象中心放大对象时，可按住（　　）键拖拉。
　A.【Ctrl】　　　　　B.【Shift】　　　　　C.【Alt】　　　　　D.【Tab】

4. 要等比放大放大对象时，可按住（　　）键拖拉。
　A.【Ctrl】　　　　　B.【Shift】　　　　　C.【Alt】　　　　　D.【Tab】

（7）移动并复制出一个长方形。运用步骤（2）的方法，再移动复制出一个长方形到合适的位置，如图1-14所示。

5. 按（　　）快捷键，可调出轮廓笔对话框。
　A.【F12】　　　　　B.【F11】　　　　　C.【F10】　　　　　D.【F9】

6. 按下（　　）组合键将轮廓转为对象。
　A.【Ctrl+Shift+D】　B.【Ctrl+Shift+E】　C.【Ctrl+Shift+Q】　D.【Ctrl+Shift+V】

7. 群组对象组合键是（　　）。
　A.【Ctrl+D】　　　B.【Ctrl+G】　　　　C.【Ctrl+B】　　　　D.【Ctrl+U】

拓展训练

1. 请想一想，上面的标志能否运用另外的方法制作，有几种？

2. 参照上面学习方法试一试绘制其他的标志。（学生可根据自己的具体情况完成作业）

（8）不等比缩放长方形。选择中间的长方形，光标移到右边的长方形中间的黑点上，当光标变为 时向下拖拉到合适位置，如图1-15所示。

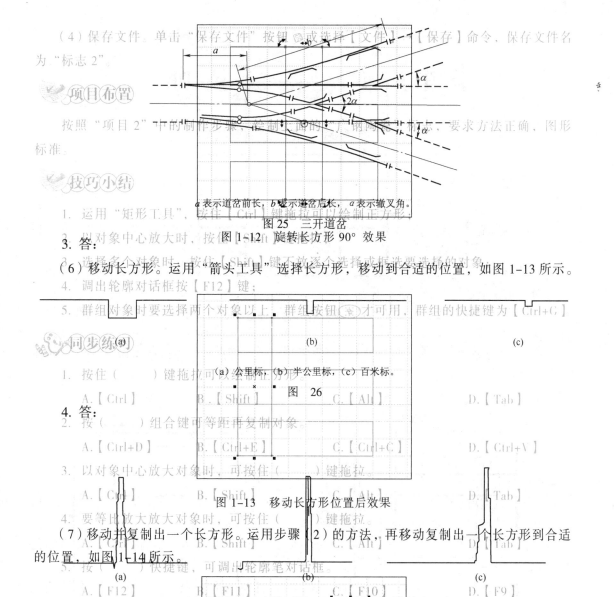

a 表示道岔前长，*b* 表示道岔后长，*α* 表示辙叉角。

图25　三开道岔

图1-12　旋转长方形90°效果

（a）公里标，（b）半公里标，（c）百米标。

图 26

图1-13　移动长方形位置后效果

（a）道岔标志，（b）道口标志，（c）桥梁护轨梭头标志。

图 27

图1-14　移动复制出一个长方形效果

图 28

第五部分　高　级　技　师

一、铁路线路工高级技师练习题

（一）填空题

1. 曲线不但包括平面曲线，也包括_____。

2. 高速铁路上的缓和曲线，目前用得比较多的是在_____抛物线基础上的改进型缓和曲线。

3. 车体垂直振动加速度和_____振动加速度是机车车辆对轨道几何偏差的动力响应，也是对机车车辆运行的平稳性测量。

4. 相邻坡段的坡度差，当Ⅰ级、Ⅱ级铁路大于_____时，相邻坡段应以圆曲线型竖曲线连接。

5. 相邻坡段的坡度差，当Ⅲ级铁路大于_____时，相邻坡段应以圆曲线型竖曲线连接。

6. 相对式接头里外股钢轨接头的允许误差，在直线段每节轨上不应大于_____。

7. 相对式接头里外股钢轨接头的允许误差，曲线上不大于40 mm加_____。

8. 为降低长轨条内的温度力，需选择一个适宜的锁定轨温，又称_____的轨温。

9. 道床纵向阻力系指道床抵抗轨道框架_____的阻力。

10. 温度力沿长钢轨的纵向分布，常用_____来表示。

11. 胀轨跑道，在理论上称为_____，它将严重危及行车安全。

12. 初始弯曲一般可分为弹性初始弯曲和_____初始弯曲。

13. 跨区间和全区间无缝线路应按单元轨条长度依次分段铺设：轨温在设计锁定轨温范围及以下时采用_____铺设。

14. 跨区间和全区间无缝线路应按单元轨条长度依次分段铺设：轨温高于设计锁定轨温范围时采用_____铺设。

15. 道岔中只有直股与无缝线路长轨条焊连，称为_____。

16. 铝热焊焊接用于断轨再焊时，插入的焊接钢轨长度应大于_____。

17. 铝热焊焊接接头不得有台阶和_____。

18. 普通无缝线路的缓冲区和伸缩区不应设置在_____或不作单独设计的桥上。

19. 无缝线路锁定轨温在施工过程中必须锁定在_____。

20. 无缝线路养护维修时要坚持做到_____，以最大限度地保持线路稳定。

21. 无缝线路两端伸缩区轨缝应当_____，这是长轨条因温度伸缩而改变其锁定轨温的必然结果。

22. 无缝线路的接头夹板螺栓必须保持_____。

$$v_{max} = \sqrt{\frac{(H_c + H) \times R}{11.8}} = \sqrt{\frac{(75+61.4) \times 1\,786}{11.8}} = 143.7 \ (km/h)$$

答：该曲线最高允许速度为 143.7 km/h。

6. 解：顺向放散量＝0.011 8×(3 600×2/3)×(23 ℃−13 ℃)＝283.2 mm

逆向放散量＝0.011 8×(3 600×1/3)×(23 ℃−13 ℃)＝141.6 mm

答：顺向放散量为 283.2 mm，逆向放散量为 141.6 mm。

7. 解：$\dfrac{\Delta l}{0.011\,8l}$ ＝84.7×12÷1 000≈1 ℃

答：该断缝道放锁定轨温降低了 1 ℃。

8. 解：从轨道检查图纸上采集某曲线测点的曲率为 0.46，则该点的曲线正矢为 50×0.46 ＝23 mm。

答：该点的曲线正矢为 23 mm。

9. 解：$L = \dfrac{160}{3.6 \times 1.2} = 37$ m

答：线路横向不平顺敏感坡长为 37 m。

（六）论述题

1. 答：在线路纵断面上，若各坡段直接连结成折线，列车通过变坡点时，产生的振动加速增大，乘车舒适度陡然降低；当机车车辆的重心未达变坡点时，将使前转向架的车轮悬空，悬空高度大于轮缘高度时，将导致脱轨，当相邻车辆的连接处处于变坡点近旁时，车钩要上下错动，其值超过允许值将会引起脱钩。所以，必须在变坡点处用竖曲线把折线断面平顺地连接起来，以保证行车的安全和平稳。

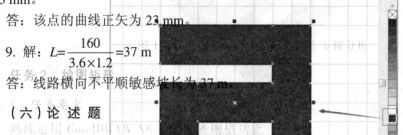

2. 答：（1）路基：路基稳定，无翻浆冒泥、冻害及下沉挤出等路基病害。

（2）道床：一级碎石道砟，碎石材质、粒径级配应符合标准，道床清洁、密实、均匀。跨区间无缝线路道岔范围内道床肩宽 450 mm。

（3）轨枕及扣件：混凝土枕、混凝土宽枕或有砟桥面混凝土枕，特殊情况可使用木枕。混凝土枕、混凝土宽枕应使用弹条扣件，木枕应使用分开式扣件。

（4）钢轨：普通无缝线路应采用 50 kg/m 及以上钢轨，全区间及跨区间无缝线路应采用 60 kg/m 及以上钢轨。

3. 轨道胀轨跑道的发展过程基本上可分为三个阶段，即持稳阶段、胀轨阶段和跑道阶段，胀轨跑道总是从轨道的薄弱地段（即具有原始弯曲的不平顺）开始。在持稳阶段，轨温升高，温度压力增大，但轨道不变形。胀轨阶段，随着轨温的增加，温度压力也随之增加，此时轨道开始出现微小变形，此后，若温度压力继续增加。当温度压力达到临界值时，这时轨温稍有升高或稍有外部干扰时，轨道将会突然发生胀曲，道砟抛出，轨枕裂损，钢轨发生较大变形，轨道受到严重破坏，此为跑道阶段，至此稳定性完全丧失。

4. 答：（1）无缝道岔铺设后焊连前要全面整修一遍道岔。

（2）无缝道岔岔内钢轨接头最好在设计锁定轨温范围内焊接，困难条件下也应在 5 ℃~25 ℃范围内焊连。焊连顺序为先直股后曲股，最后焊连尖轨跟部。

（3）岔内钢轨接头焊接后要对焊头进行探伤检查，并对道岔再全面整修一遍。

（5）在锁定轨温范围内（最好在 $t_s \pm 3$ ℃范围内）把道岔与两端无缝线路长轨条焊连在一起，并对焊头进行探伤检查。

（6）去掉限位器子、母块间卡块，再细整一遍道岔。

5. 答：在安排维修计划时，应考虑以下几点：

（1）根据季节特点、锁定轨温和线路状态，合理安排全年维修计划。气温较低的季节安排在锁定轨温较低或薄弱的地段上进行计划维修；气温较高的季节安排在锁定轨温较高的地段上进行计划维修。在高温季节尽量不安排综合维修或影响线路稳定性的工作。

（2）如必须进行综合维修或成段保养时，应有计划地先放散后作业，并适时重新做好放散和锁定线路工作。其他保养和临时补修，宜采取调整作业时间的办法进行。

（3）无缝线路应着重做好防爬检查、维修扣件、整治钢轨硬弯、打磨或焊补不平顺焊缝、消灭翻浆和夯拍道床等项工作，保持轨向、水平良好，消灭晃车。

（4）对于锁定轨温不明、不均匀、过低、过高等地段应有计划地进行应力放散或调整。

（5）每年春秋两季，要逐段整修防爬设备，拧紧扣件，拧紧接头夹板螺栓，全面检查和整修不良绝缘接头。在允许作业轨温范围内，每年将接头螺栓及扣件全面除垢、涂油一遍。

6. 答：（1）道岔限位器子、母块的接触状况，联结螺栓是否完好，限位器子、母块是否正常。

（2）基本轨焊接接头是否有开裂迹象，限位器前端道岔线路及夹直线线路方向是否顺直。

（3）为无缝道岔内道床宽是否足够，砟盒中道砟是否饱满、密实，钢轨扣件螺栓是否拧紧，扣件是否损坏。

（4）若为可动心轨无缝道岔，还要经常检查翼轨末端间隔铁是否损坏，联结螺栓是否正常。

（5）若为半焊无缝道岔，还须检查侧股末端高强度夹板螺栓是否拧紧或破损。

7. 答：（1）尖轨尖端与基本轨或可动心轨尖端与翼轨不靠贴大于 1 mm。

（2）尖轨、可动心轨侧弯造成轨距不符合规定。

（3）尖轨、可动心轨顶面宽 50 mm 及以上断面处，尖轨顶面低于基本轨顶面、可动心轨顶面低于翼轨顶面 2 mm 及以上。

（4）尖轨、可动心轨顶面宽 50 mm 及以下断面处，尖轨顶面高于基本轨顶面、可动心轨顶面高于翼轨顶面 2 mm 及以上。

（5）尖轨、可动心轨工作面伤损，继续发展，轮缘有爬上尖轨、可动心轨的可能。

（6）内锁闭道岔两尖轨相互脱离时，分动外锁闭道岔两尖轨与连接装置相互分离或外锁闭装置失效时。

（7）其他伤损达到钢轨轻伤标准时。

8. 答：（1）曲股基本轨的弯折点位置或弯折尺寸不符合要求，造成轨距不符合规定。

（2）基本轨垂直磨耗，50 kg/m 及以下钢轨，在正线上超过 6 mm，到发线上超过 8 mm，其他站线上超过 10 mm；60 kg/m 及以上钢轨，在允许速度大于 120 km/h 的正线上超过 6 mm，其他正线上超过 8 mm，到发线上超过 10 mm，其他站线上超过 11 mm（33 kg/m 及其以下钢轨由铁路局拟定）。

（3）其他伤损达到钢轨轻伤标准时。

9. 答：（1）各种螺栓、连杆、顶铁和间隔铁损坏、变形或作用不良；

（2）滑床板损坏、变形或滑床台磨耗大于 3 mm；

（3）轨撑损坏、松动，轨撑与轨头下颚或轨撑与垫板挡肩离缝大于 2 mm；

（4）护轨垫板拆损；

（5）钢枕和钢枕垫板下胶垫及防切垫片损坏、失效；

（6）弹片、销钉、挡板损坏，弹片与滑床板挡肩离缝、挡板前后离缝大于 2 mm，销钉帽内侧距滑床板边缘大于 5 mm；

（7）其他各种零件损坏、变形或作用不良。

10. 答：旧普通道岔滑床板，在滑床台磨耗与开焊时，一般均做整组更换。滑床台磨耗不是绝对磨耗，而是与尖轨轨底的相对磨耗，两者的位置相对应。因滑床板与基本轨水平螺栓紧因为一体，滑床台与尖轨底部的相对磨耗经扳动磨合，很少发生扳动不良故障。成组更换新滑床板，其中心位置未变。新滑床台与尖轨底部原有位置也相对应，由于新旧不完全吻合，滑床台与尖轨底又不能全部密贴，部分滑床台在道岔扳动时受阻。在这种情况下，电动转辙机克服不了摩擦阻力时，就会出现扳动不良故障。成组更换滑床板，在少数道岔中会出现扳动不良故障。为不影响行车，保证道岔正常使用设置做到以下几点：

（1）滑床板和尖轨底同时磨耗，对严重的，应有计划地提请施工封锁计划，同时更换，最好不要在滑床台磨耗到相损严重程度后再成组更换。

（2）新滑床板更换以前，做好除锈打磨，同时打磨滑床台两个长边的焊接口，棱角为圆弧形。

（3）更换后涂油试扳，列车通过后再试扳，调换个别滑床板。

（4）请电务人员配合作业，开通后测试电流。

11. 答：道岔基本轨横向移动，使尖轨与基本轨不密贴，容易造成尖轨轧伤，扳道不落锁，尖端轨距变化等病害，影响设备正常使用，有时甚至造成事故。

（1）轨撑松动，不能靠贴基本轨。原因是有的铺设年久的道岔，存有轨撑磨损或变形，有的轨撑规格不合。

（2）滑床台不紧贴基本轨底。有的滑床台磨得很薄，有的滑床台边不齐或磨成斜坡，失去挡靠基本轨底的作用。有的滑床板不规格安设后，轨撑、基本轨、滑床台间有缝不密贴。

（3）转辙器部分分枕劈裂或钉孔腐朽，道钉把持力不足。

（4）尖轨尖端无通长连接铁板，当侧向行车速度快、冲击力大时，基本轨就容易横移。

12. 答：（1）基本轨或尖轨竖切部分有肥边，尖轨尖端由转辙拉杆力量强制靠在基本轨上，尖轨顶面与基本轨顶大致水平的部分，就靠在基本轨肥边上；尖轨竖切部分的肥边还盖在基本轨面上面，过车时容易把尖轨薄的部分挤压。把竖切部分的肥边压掉，造成轧伤。

（2）由于基本轨横移动，使尖轨与基本轨不密贴，有时扳道表面密贴，但过车时横移，轧伤尖轨顶面。

（3）自制曲基本轨的曲折点位置不正确，尖轨竖切部分与基本轨不完全靠贴。

（4）转辙拉杆尺寸不合或扳道器位置不正确，造成尖轨与基本轨不密贴，使尖轨轧伤。

13. 答：（1）提前通知电务人员，在电务人员配合下作业。

（2）烘烤时尖轨与基本轨处于密贴状态，以免轮缘压环尖轨顶铁，危及行车安全。

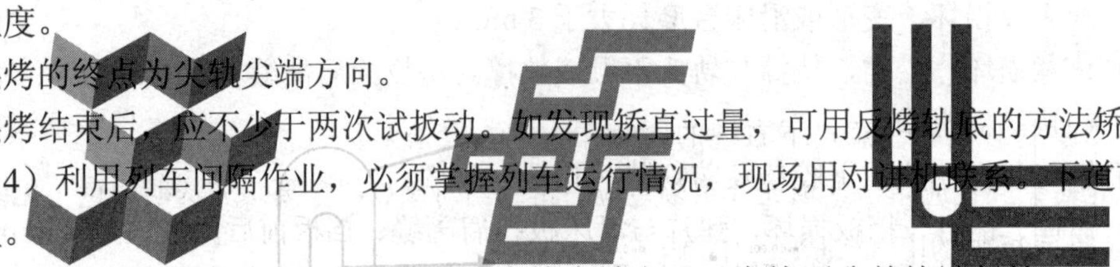

3. 设计题：用英文字母“C”设计一个标志。

项目 2 “广钢陶瓷”标志的制作

实训项目

正确绘制出“广钢陶瓷”标志，如图 1-21 所示。

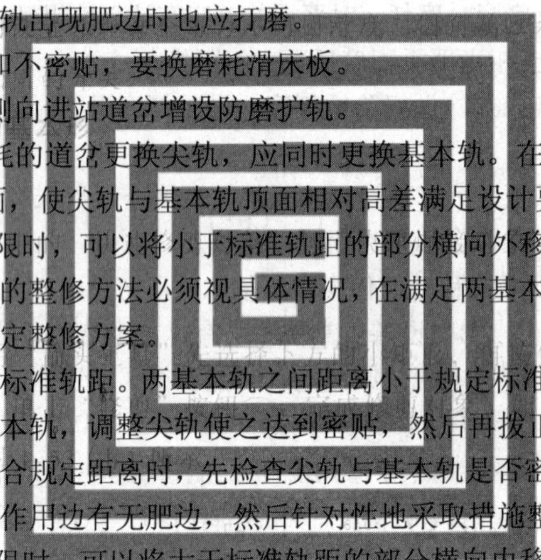

图 1-21 “广钢陶瓷”标志效果图

项目目标

本项目通过对“广钢陶瓷”标志的制作，学会绘制正方形的方法、设置线条大小的方法；掌握多重等距复制对象的技巧、将轮廓转换为对象命令；复习放大复制对象、线条颜色填充等命令。

任务 1 图形标志的制作分析

本图形标志中心图形是由长方形组成“广”、“C”字，外面由 5 个逐渐放大的正方形组成，5 个正方形的间距相等，如图 1-22 所示。

（3）尖轨尖端以后 1.5 m 范围内为禁烤区，竖切起点前的部位烘烤时，应慎重地掌握烘烤温度。

烘烤的终点为尖轨尖端方向。

烘烤结束后，应不少于两次试扳动。如发现矫直过量，可用反烤轨底的方法矫正。

（4）利用列车间隔作业，必须掌握列车运行情况，现场用对讲机联系。下道前做好冷却降温。

14. 答：（1）整治道岔爬行。岔首、尖轨尖端方正，尖轨至岔首轨端保持 2 646 mm（按道岔标准图数据定）。

（2）检查各部尺寸，改正或调整两基本轨作用边之间的距离，尖轨非作用边至基本轨作用边之间的距离均符合规定标准。

（3）拆卸检查辙跟接头，更换磨损配件、滑床板等。尖轨螺栓孔磨成椭圆时也应更换。

（4）更换锈蚀拉杆、连接杆、连接销，全面拆卸涂油，使其不松动，又不过紧，转辙良好。

（5）打磨基本轨作用边与尖轨非作用边肥边。

15. 答：（1）新铺设的道岔在使用 3 个月至 6 个月以内，尖轨非作用边易出现肥边，应及时打磨并倒棱。在基本轨出现肥边时也应打磨。

（2）整治尖轨拱腰和不密贴，要换磨耗滑床板。

（3）对咽候道岔、侧向进站道岔增设防磨护轨。

（4）基本轨垂直磨耗的道岔更换尖轨，应同时更换基本轨。在更换新尖轨前，打磨尖轨顶面宽 35 mm 以前顶面，使尖轨与基本轨顶面相对高差满足设计要求。

16. 答：线路轨距超限时，可以将小于标准轨距的部分横向外移钢轨，使其达到标准。但道岔尖轨中轨距超限时的整修方法必须视具体情况，在满足两基本轨作用边之间的距离这一基本条件以后，方可确定整修方案。

尖轨中轨距小于规定标准轨距。两基本轨之间距离小于规定标准距离时，可在电务人员配合下，先向外移动曲基本轨，调整尖轨使之达到密贴，然后再拨正直股方向。

两基本轨之间距离符合规定距离时，先检查尖轨与基本轨是否密贴、尖轨有无侧弯、连接杆尺寸是否对号、尖轨作用边有无肥边，然后针对性地采取措施整治。

17. 答：线路轨距超限时，可以将大于标准轨距的部分横向内移钢轨，使其达到标准。但道岔尖轨中轨距超限时的整修方法，必须视具体情况，在满足两基本轨作用边之间的距离这一基本条件以后，方可确定整修方案。

尖轨中轨距大于规定标准。两基本轨之间距离大于规定距离时，可在电务人员配合下，向内移动曲基本轨，撤除尖轨接头铁调整垫片或平行移动连接杆，调整尖轨使之达到密贴，然后再拨正直股方向。

两基本轨之间距离符合规定标准距离时，应检查侧向尖轨侧面磨耗程度，视具体情况，有计划地安排更换尖轨。

18. 答：辙叉心两部偏小的轨距和不合格的查照间隔，可用砂轮机打磨的方法整修。但在辙叉部范围内轨距超限，间隔不符合要求，虽然直向护轨部分基本轨方向良好，但一般不采用移动辙叉的方法整修失格处所。

所以对辙叉部进行改道整修超限处所，都以辙叉心为基本股，改正护轨部分基本轨。当改正后的护轨部分基本轨出现方向不良时，再采取以直向护轨部分基本轨为拨道基本股的方

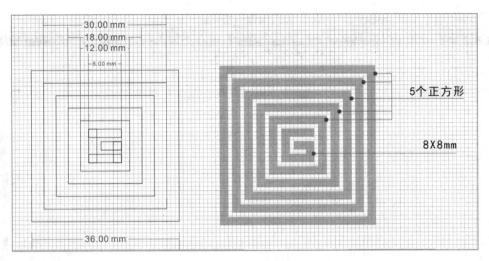

图 1-22　标志制作步骤分析图

任务2　绘图准备工作

1. 任务要求

学会运用 CorelDRAW X6 中的"贴齐网格"绘图辅助功能。

2. 操作步骤

（1）新建文件。启动 CorelDRAW X6，单击"新建文件"按钮 或选择【文件】→【新建】命令，新建一个文件，如图 1-23 所示。

图 1-23　新建文件效果

（2）显示网格。选择【视图】→【网格】→【文档网格】命令，显示网格，如图 1-24 所示。

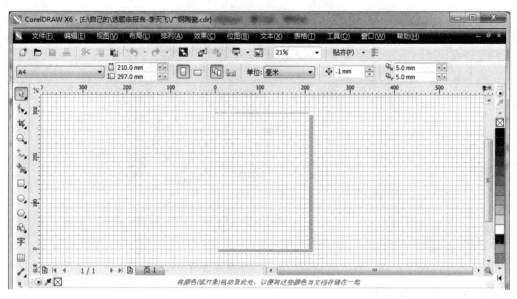

图 1-24　显示网格效果

（3）打开"贴齐网格"功能。选择【视图】→【贴齐】→【贴齐网格】命令，打开"贴齐网格"功能，打开此功能后，绘图时对象将自动与网格对齐。

（4）设置网格参数。选择【视图】→【设置】→【网格和标尺设置】命令，打开"网格设置"对话框，参数设置如图 1-25 所示。

图 1-25　"网格设置"对话框

任务 3　绘制标志的中心 "G" 字图形

1. 任务要求

学会运用 CoreIDRAW X6 中的绘制长方形方法，学会移动复制对象、旋转复制对象的技巧。

2．操作步骤

（1）绘制长方形。在工具栏中选择"矩形工具"，然后在网格交汇点处单击并拖拉出一个"8mm×2mm"长方形，即宽为 8 个网格，高为 2 个网格，如图 1-26 所示。

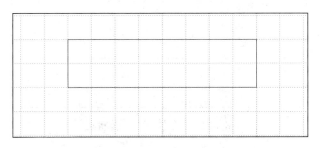

图 1-26　绘制"8mm×2mm"的长方形效果

（2）移动复制出长方形。运用"箭头工具"单击选择长方形，按住左键移动长方形的同时按下右键，（注意此时不要松开左键）当看到光标下面出现"+"号时再同时放开左右键，复制出一个长方形，如图 1-27 所示。

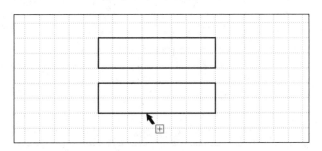

图 1-27　移动复制出长方形

（3）按第（2）步的方法复制出第 3 个长方形，如图 1-28 所示。

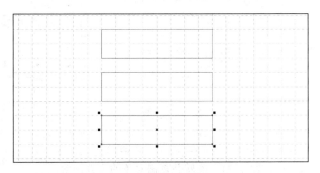

图 1-28　复制 3 个长方形

（4）运用"箭头工具"双击选择中间的长方形，让其成为旋转状态，如图 1-29 所示。

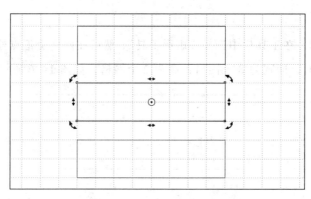

图 1-29　长方形为旋转状态

（5）旋转长方形 90°。选择长方形右上角的旋转符号，按下【Crtl】键的同时旋转长方形 90°，同时按下右键（注意此时不要松开左键），当看到光标下面出现"+"号时再同时放开左右键，将复制出一个垂直的长方形，如图 1-30 所示。（注：知识要点与步骤（2）相同。）

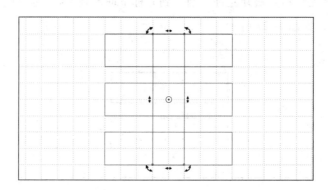

图 1-30　长方形旋转 90°

知识要点：旋转并复制对象的步骤图解如图 1-31 所示。

第一步：按住左键旋转

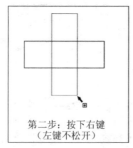

第二步：按下右键
（左键不松开）

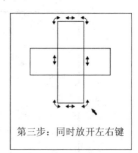

第三步：同时放开左右键

图 1-31　旋转并复制对象的步骤图解

（6）运用"箭头工具"选择长方形，配合对齐对象功能移动长方形到合适的位置，如图 1-32 所示。

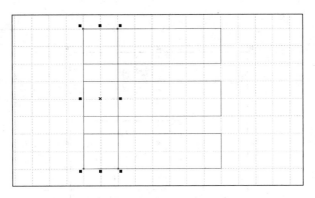

图 1-32　移动长方形的位置

（7）移动并复制长方形。运用移动并复制方法，复制出一个长方形并移到合适的位置，如图 1-33 所示。

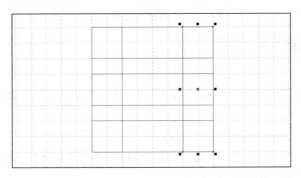

图 1-33　复制长方形

（8）不等比缩放长方形。运用"箭头工具"选择图中左边的长方形，用拖拉压缩的方法把长方形压缩到合适的位置，如图 1-34 所示。

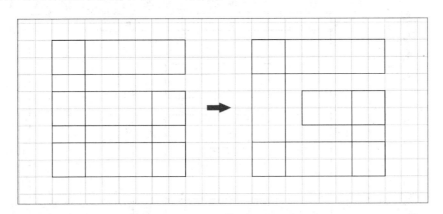

图 1-34　不等比缩放长方形前后对比

（9）快速焊接对象。按下【Ctrl+A】组合键全选对象，单击"焊接"按钮 焊接对象，如图 1-35 所示。

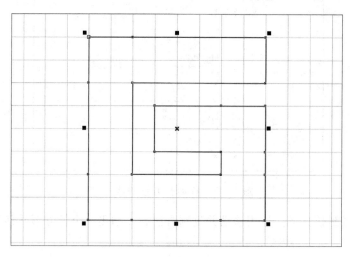

图 1-35　焊接对象的效果

任务4　绘制标志的外围图形

1. 任务要求

学会在 CorelDRAW X6 中运用"矩形工具"绘制正方形的技巧，能等比例缩放对象，并学会用快捷键进行多重复制对象。

2. 操作步骤

（1）绘制正方形。在工具栏中选择"矩形工具"，按住【Ctrl】键拖拉出一个"12 mm×12 mm"正方形，大小与位置如图 1-36 所示。

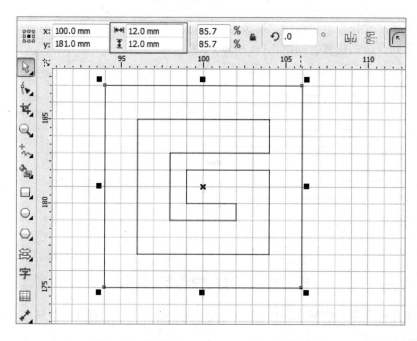

图 1-36　绘制"12mm×12mm"正方形效果

（2）放大复制正方形。把光标移到正方形右上角的黑点上，按住【Shift】键不放往外拖拉，放大正方形为 3 个网格单位，看到位置合适时按下右键（此时左键不要松开），当看到光标下面出现"+"号时再同时放开左右键，完成放大复制对象的操作，正方形的大小为"18 mm×18 mm"，位置如图 1-37 所示。

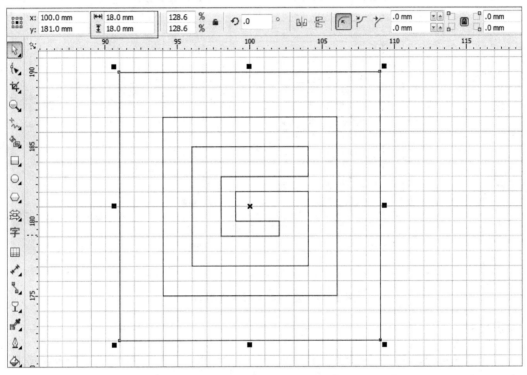

图 1-37　放大复制正方形效果

知识要点：放大并复制对象步骤如图 1-38 所示。

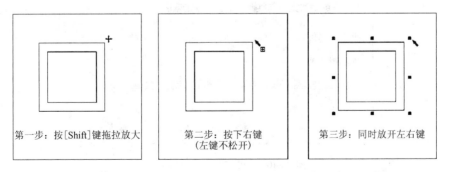

第一步：按[Shift]键拖拉放大　　第二步：按下右键（左键不松开）　　第三步：同时放开左右键

图 1-38　放大并复制对象步骤

（3）按【Ctrl+D】组合键再复制正方形。在不取消选择的情况下，连续按【Ctrl+D】快捷键 3 次，复制 3 个放大的正方形，大小与位置如图 1-39 所示。

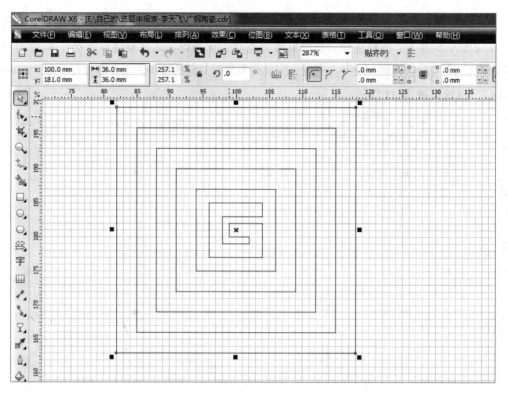

图 1-39   复制正方形 3 次后效果

知识链接

第一次使用"Ctrl+D"命令时，将弹出下图的对话框，如图 1-40 所示，单击"确定"按钮后，将复制出一个偏移的对象，删除后再重做上面第（2）和第（3）步的操作。

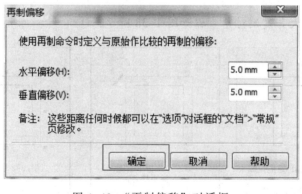

图 1-40   "再制偏移"对话框

（4）参数线条宽度。选择"箭头工具"，按住【Shift】键不放逐个选择 5 个正方形，按【F12】快捷键，调出"轮廓笔"对话框，在宽度框中输入"2mm"，单击"确定"按钮，参数设置如图 1-41 所示。

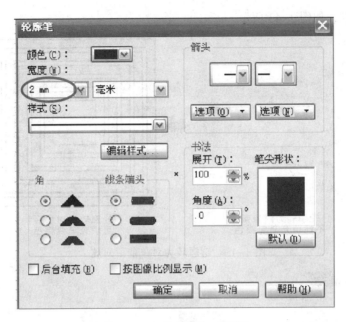

图 1-41 "轮廓笔"对话框

（5）调整线条的大小后效果如图 1-42 所示。

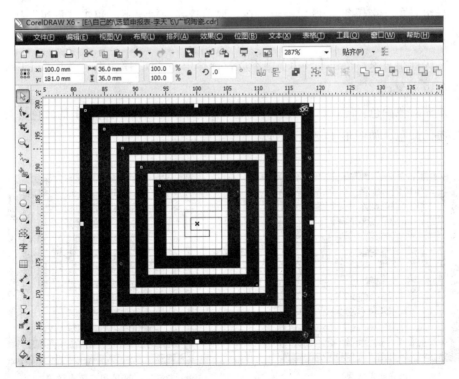

图 1-42 调整线条大小为 2mm 后效果

（6）将轮廓转为对象。在不取消选择的情况下，按【Ctrl+Shift+Q】组合健或选择【排列】
→【将轮廓转为对象】命令，将轮廓转为对象；轮廓转为对象后从外形上看不出变化，但它们有着本质的区别,如图 1-43 所示。

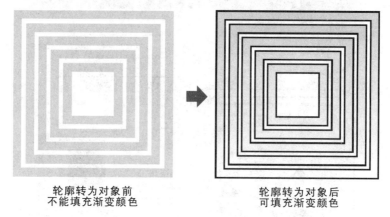

轮廓转为对象前　　　　　　　　轮廓转为对象后
不能填充渐变颜色　　　　　　　可填充渐变颜色

图 1-43　轮廓转为对象前后对比

任务5　颜色填充

1.任务要求

学会 CorelDRAW X6 中"群组对象"的 2 种方法及填充颜色的技巧。

2.操作步骤

(1)群组对象。接任务 4 最后一步,在不取消选择的情况下,单击"群组"按钮,群组对象;

(2)再次群组对象。按住【Shift】键不放,选择中心"G"字图案,然后按【Ctrl+G】组合键再次群组对象;

(3)填充对象颜色。运用"箭头工具"选择对象,单击默认调色板上的蓝色进行填充,并取消线条的颜色,如图 1-44 所示。

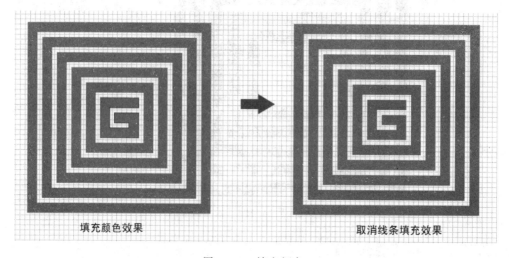

填充颜色效果　　　　　　　　　取消线条填充效果

图 1-44　填充颜色

（4）保存文件。单击"保存文件"按钮 或选择【文件】→【保存】命令，保存文件名为"标志2"。

项目布置

按照"项目2"中的制作步骤，绘制上面的"广钢陶瓷"标志，要求方法正确，图形标准。

技巧小结

1. 运用"矩形工具"，按住【Ctrl】键拖拉可以绘制正方形；

2. 以对象中心放大时，按住【Shift】键拖拉；

3. 选择多个对象时，按住【Shift】键不放逐个选择或框选要选择的对象；

4. 调出轮廓对话框按【F12】键；

5. 群组对象时要选择两个对象以上，群组按钮 才可用，群组的快捷键为【Ctrl+G】。

同步练习

1. 按住（   ）键拖拉可以绘制正方形。

    A.【Ctrl】   B.【Shift】   C.【Alt】   D.【Tab】

2. 按（   ）组合键可等距再复制对象。

    A.【Ctrl+D】   B.【Ctrl+E】   C.【Ctrl+C】   D.【Ctrl+V】

3. 以对象中心放大对象时，可按住（   ）键拖拉。

    A.【Ctrl】   B.【Shift】   C.【Alt】   D.【Tab】

4. 要等比放大放大对象时，可按住（   ）键拖拉。

    A.【Ctrl】   B.【Shift】   C.【Alt】   D.【Tab】

5. 按（   ）快捷键，可调出轮廓笔对话框。

    A.【F12】   B.【F11】   C.【F10】   D.【F9】

6. 按下（   ）组合健将轮廓转为对象。

    A.【Ctrl+Shift+D】   B.【Ctrl+Shift +E】   C.【Ctrl+Shift +Q】   D.【Ctr+Shift l+V】

7. 群组对象组合健是（   ）。

    A.【Ctrl+ D】   B.【Ctrl+G】   C.【Ctrl+B】   D.【Ctrl+U】

拓展训练

1. 请想一想，上面的标志能否运用另外的方法制作，有几种？

2. 参照上面学习方法试一试绘制下面的标志：（学生可根据自己的具体情况完成作业，（1）~（3）为基础作业，（4）~（6）为提高作业）

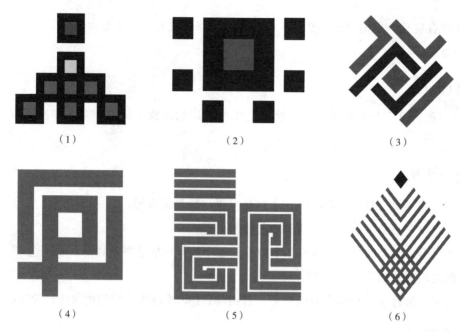

（1）　　　　　　　　　（2）　　　　　　　　　（3）

（4）　　　　　　　　　（5）　　　　　　　　　（6）

3. 设计题：用英文"S"字设计一个标志。

项目 3　"三人行广告"标志的制作

实训项目

正确地绘制出"三人行广告"标志，如图 1-45 所示。

图 1-45　三人行广告标志

项目目标

　　本项目通过对"三人行广告"标志制作，学会圆角矩形的绘制技巧，学会垂直居中对齐对象命令、修剪对象命令，学会移动对象中心点的方法；复习网格对齐功能、旋转复制命令、焊接对象命令。

任务 1 图形标志的分析

本图形标志由 3 个相同的 "n" 形状旋转组成一个人字, 负形是 3 个箭头, 外面由正方形变化为正圆组成, 如图 1-46 所示。

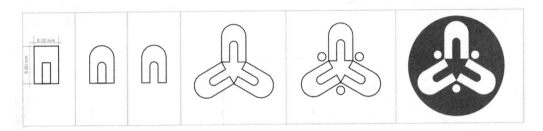

图 1-46 "三人行广告"标志制作步骤分析

任务 2 绘图矩形

1. 任务要求

熟练运用 CorelDRAW X6 中的贴齐网格功能。

2. 操作步骤

（1）新建文件。启动 CorelDRAW X6, 单击"新建文件"按钮 或选择【文件】→【新建】命令, 新建一个文件, 如图 1-47 所示。

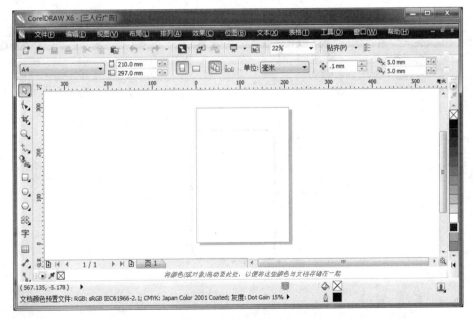

图 1-47 新建的文件

（2）绘图矩形。单击"矩形工具"按钮 , 在页面中单击拖拉绘制一个矩形, 如图 1-48 所示。

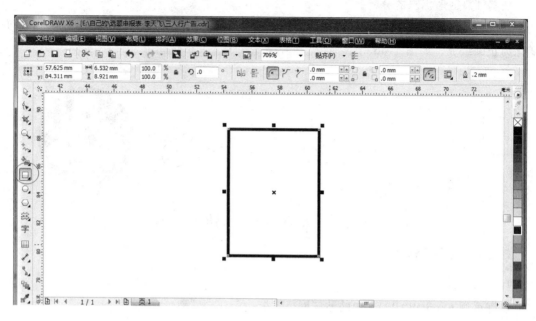

图 1-48　矩形

（3）设置矩形的长宽属性。在矩形的属性中，单击矩形的长宽"比例锁定"按钮 ![按钮]，解除锁定，再设置矩形的长为 9 mm、宽为 6 mm，如图 1-49 所示。

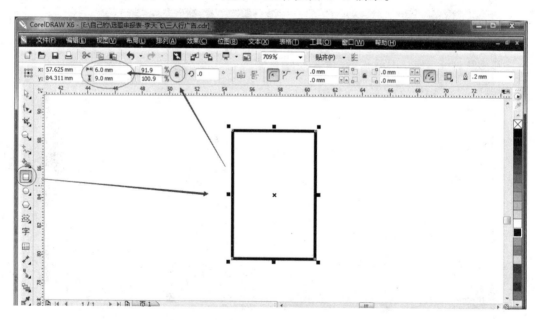

图 1-49　设置矩形的长宽

（4）绘制小矩形。按步骤（3）的方法绘制一个"2mm×5mm"的小矩形，如图 1-50 所示。

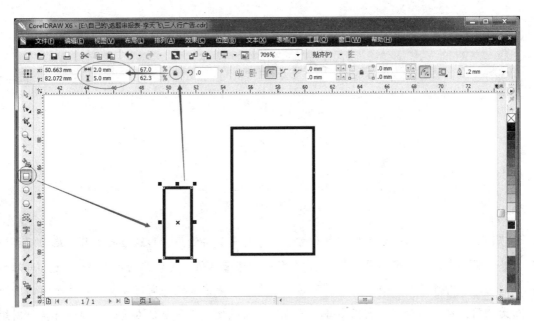

图 1-50 绘制 "2mm×5mm" 的小矩形

任务3 绘制圆角矩形

任务要求

熟练掌握 CorelDRAW X6 中的绘制圆角矩形的技巧，并学会"垂直居中对齐对象"命令。

（1）对齐排列矩形。按【Ctrl+A】组合键全选对象，按【C】键和【B】或按"对齐与分布"按钮 ，打开"对齐与分布"面板，单击"居中对齐"按钮 和"底端对齐"按钮 对齐对象，如图 1-51 所示。

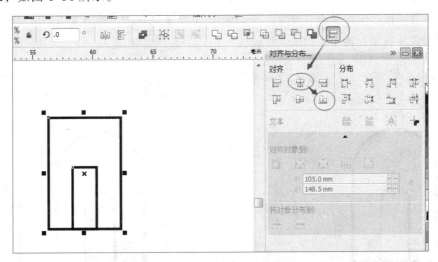

图 1-51 对齐排列矩形效果

（2）绘制圆角矩。分别选择各个矩形，首先把"同时编辑所有角的锁定"按钮 解除锁定，在属性栏中 " " 设置每个矩形边角圆滑度，大矩形边角圆滑度设置为：100、100、0、0；小矩形边角圆滑度设置为：100、100、0、0；具体参数如图 1-52 所示。

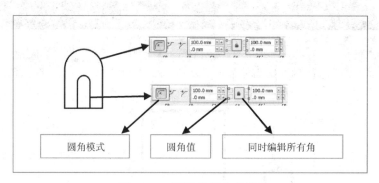

图 1-52　矩形的圆角参数

知识要点：圆角矩形绘制有两种方法：一种是直接运用"形状节点工具"拖动矩形的顶点（运用此方法调整出圆角矩形的 4 个角的"圆滑度值"是相同的）；另一种是运用矩形属性栏上的圆滑度属性" "进行设置，运用方法既可同时设置矩形 4 个角的圆滑度值为相同，也可以分别设置矩形每个角为不同圆滑度，圆角属性右边的小锁图标是控制矩形 4 个边角圆滑度是否相同的开关。

任务 4　绘制标志的基本形

1. 任务要求

学会 CorelDRAW X6 中的"快速修剪对象"与"快速焊接对象"命令。

2. 操作步骤

（1）修剪对象。运用"箭头工具"先选择下方的小矩形，再按住【Shift】选择大矩形，确定两个矩形都已选中，单击"修剪"按钮，完成修剪对象，如图 1-53（a）所示，最后把小矩形删除，效果如图 1-53（b）所示。

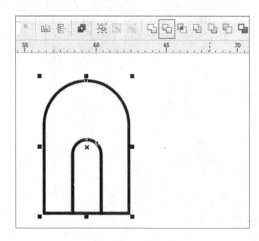

（a）修剪对象前

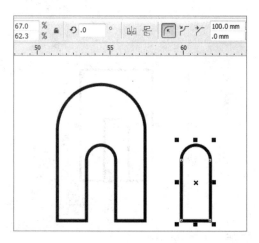

（b）修剪对象后

图 1-53　修剪对象

知识要点：修剪对象时，选择对象的顺序很关键，先选择的对象将剪去后选择的对象，如果同时框选两个对象，那么结果将是上面的对象剪去下面的对象。

（2）旋转"n"的图形。运用旋转复制方法，将一个"n"的图形并旋转120°，如图1-54所示。

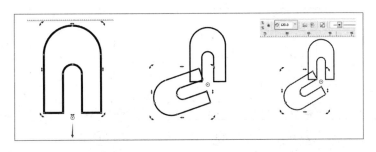

图1-54 旋转"n"的图形步骤

（3）排列对齐"n"的图形位置。打开"贴齐对象"命令（快捷键为【Alt+Z】），或选择【视图】→【贴齐】→【贴齐对象】命令，运用"选择工具"移动图形的节点对齐对象，如图1-55所示。

 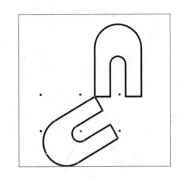

（a）选择工具移动图形的节点　　　　　（b）对齐节点后效果

图1-55 移动图形的节点

（4）运用镜像复制出另一个"n"形，效果如图1-56所示。

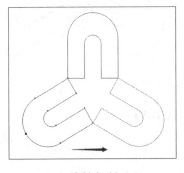 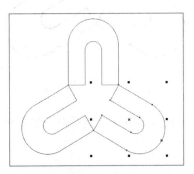

（a）旋转复制过程　　　　　（b）旋转复制后效果

图1-56 旋转复制

知识要点：以对象边线为对称轴，镜像复制对象的快速方法：先用箭头工具选择对象，再单击对象右边中间的黑点往右拖拉，同时按下【Ctrl】键，并右击（左键不松开）当看到光标下方出现"+"号时，同时松开左右键，完成镜像复制操作，步骤如图1-57所示。

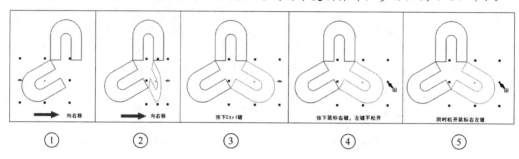

图 1-57　镜像复制对象的快速方法

任务5　效果装饰

1. 任务要求

学会 CorelDRAW X6 中的运用"矩形工具"画正圆形与"对齐辅助线"命令。

2. 操作步骤

（1）绘制装饰圆点。选择运用"矩形工具"绘制一个正方形，再调整4个圆角值为100，如图1-58所示。

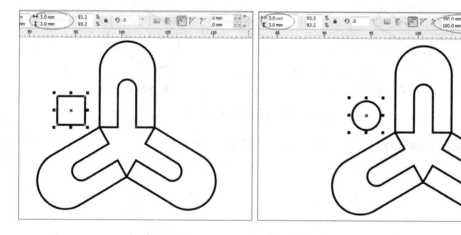

图 1-58　运用正方形绘制正圆的效果

运用同样方法绘制另两个装饰圆点图形，效果如图1-59所示。

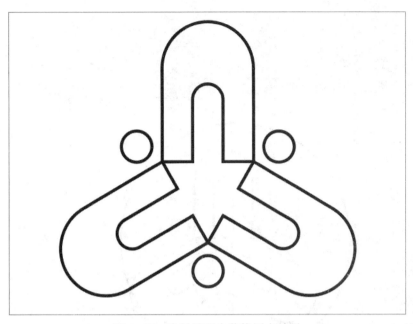

图 1-59　绘制另两个装饰圆点效果

运用同样方法绘制一个正圆图形，如图 1-60 所示。

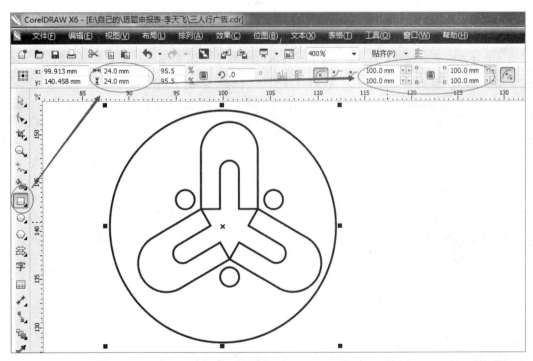

图 1-60　正方形调整为正圆的效果

（2）群组对象。用选择工具 先选大圆以外的图形，按【Ctrl+G】组合键或单击按钮
群组对象，如图 1-61 所示。

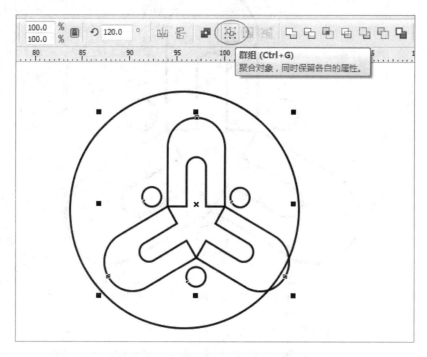

图 1-61　群组对象的方法与效果

（3）对齐对象。按【Ctrl+Shift+A】组合键或选择【视图】→【对齐辅助线】打开"对齐辅助线"功能，运用"选择工具"移动对齐对象，如图 1-62 所示。

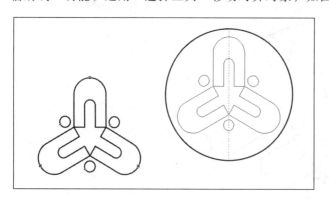

（a）移动对象对齐

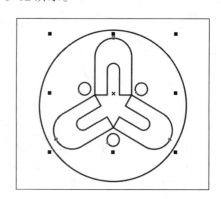

（b）对齐对象最后效果

图 1-62　对齐对象

（4）填充外圆为红色，里面图形为白色，线条没有颜色，如图 1-63 所示。

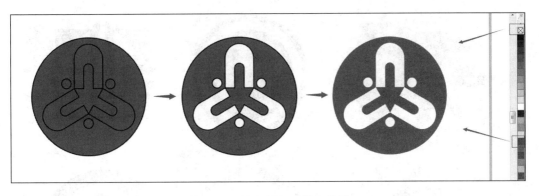

图 1-63　填充颜色过程和效果

项目布置

按照"项目3"中的制作步骤，绘制上面的"三人行广告"标志，要求方法正确，图形标准。

技巧小结

1. 绘制圆角矩形时，若要绘制每个边角的圆滑度都不相同时，请打开 <img> 右边小锁图标；

2. 运用"垂直居中对齐"命令时或按【C】键，请选择两个对象以上才有效；

3. 要移动对象中心点，请双击选择对象为旋转状态；

4. 若要运用"修剪对象"命令，只有选择两个以上对象，此命令才有效。

同步练习

1. CorelDRAW X6"垂直居中对齐对象"快捷键是（　　　）。

 A.【C】 B.【E】 C.【B】 D.【R】 D.【L】 E.【P】

2. 要绘制4个边角圆滑度分别为：100、100、0、0的矩形，应先（　　　），再分别调整各个边角圆滑度。

 A. 转为曲线 B. 取消群组 C. 拆散矩形 D. 解除矩形角度锁定

3. 要修剪对象，可用以下哪个按钮（　　　）。

 A. <img>   B. <img>   C. <img>   D. <img>

4. 打开"贴齐对象"命令的快捷键为（　　　）。

 A.【Ctrl+Z】 B.【Ctrl+E】 C.【Ctrl+V】 D.【Ctrl+C】

5. 打开"对齐辅助线"功能的快捷键为（　　　）。

 A.【Ctrl+Shift +I】   B.【Ctrl+Shift+A】

 C.【Ctrl+Shift +S】   D.【Ctrl+Shift +Q】

拓展训练

1. 请想一想，上面的标志能否运用另外的方法制作，有几种？

2. 参照上面学习方法试一试绘制下面的标志。（学生可根据自己的具体情况完成作业，（1）~（3）为基础作业，（4）~（6）为提高作业）

（1）　　　　　　　　（2）　　　　　　　　（3）

（4）　　　　　　　　（5）　　　　　　　　（6）

3. 设计题：用英文"A"字设计一个标志。

项目 4　"中国结"标志的制作

实训项目

正确绘制出"中国结"设计图，如图 1-64 所示。

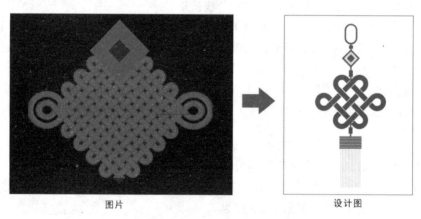

图片　　　　　　　　　　　　　　　　　设计图

图 1-64　"中国结"图片与设计图

项目目标

本项目通过对"中国结"的制作，学会设置网格间距、打开对齐对象功能，学会拆分节点、拆分对象、把对象转为曲线等命令；复习设置线条大小、绘制圆角矩形、镜像复制对象、将轮廓转为对象、修剪与焊接对象等命令。

任务 1 图形标志的分析

本图形标志制作步骤分析如图 1-65 所示。

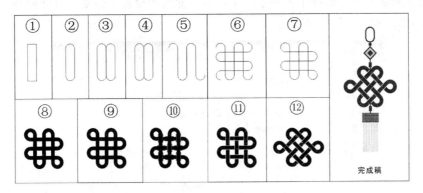

图 1-65 "中国结"的制作步骤分析图

任务 2 绘图前准备工作

1. 任务要求

学会运用 CorelDRAW X6 中的网格选项对话框设置网格间距。

2. 操作步骤

（1）新建文件。启动 CorelDRAW X6，单击"新建文件"按钮 ☐ 或选择【文件】→【新建】命令，新建一个文件。

（2）显示网格。选择【视图】→【网格】→【文档网格】命令，显示网格，网格默认间距为 1mm，如图 1-66 所示。

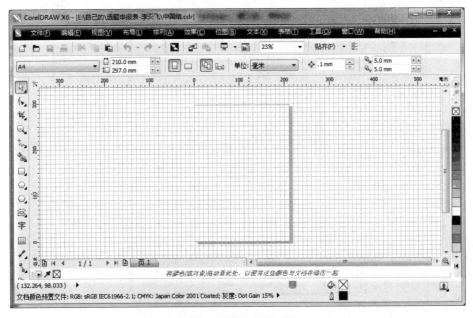

图 1-66 文档网格效果

（3）贴齐网格。选择【视图】→【贴齐】→【贴齐网格】命令，打开"贴齐网格"功能，打开此功能后，绘图时对象将自动与网格格对齐。

（4）设置网格间距。选择【视图】→【网格与标尺的设置】命令，打开网格设置选项，参数如图 1-67 所示。

图 1-67　网格与标尺的参数设置

（5）设置完成，单击"确定"按钮，网格间距为 10 mm，如图 1-68 所示。

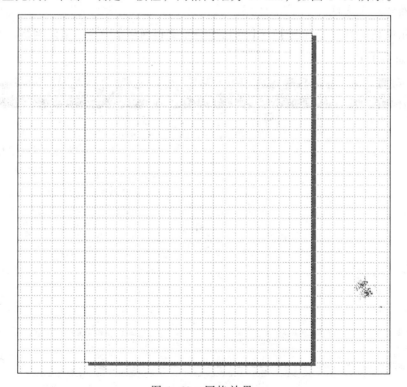

图 1-68　网格效果

任务 3　绘制标志一半图形

1．任务要求

学会运用 CorelDRAW X6 中的拆分节点、拆分对象命令。

2．操作步骤

（1）绘制圆角矩形。运用"贴齐网格"绘图功能绘制一个"10mm×40mm"矩形，运用"箭头工具"选择矩形的顶点，拖拉出圆角矩形，或把矩形 4 个边角圆滑度都设置为"100"（ ），效果如图 1-69 所示。

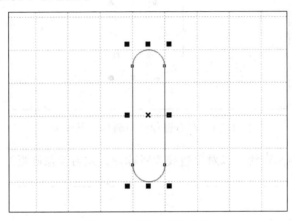

图 1-69　圆角矩形效果

（2）把矩形转换为曲线。选择圆角矩形，按【Ctrl+Q】组合键把矩形转换为曲线。

（3）框选节点。选择工具栏中的"形状工具" ，运用"形状工具"框选中间 4 个节点，如图 1-70 所示。

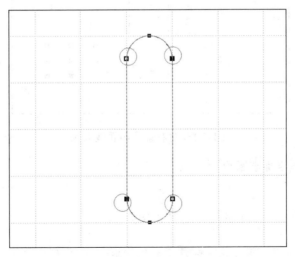

图 1-70　选择节点

（4）分割曲线。单击"节点形状工具"属性栏中"分割曲线"按钮 ，分割曲线。

（5）拆分对象。运用"箭头工具"选择对象，单击属性栏中"拆分对象"按钮 ，拆分对象。

（6）以对象边线为对称轴，左右镜像复制出另一个圆角矩形，如图1-71所示。

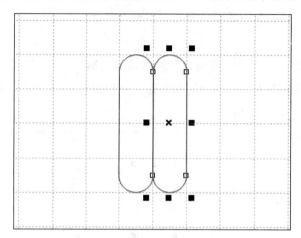

图1-71　左右镜像复制圆角矩形效果

（7）左右镜像复制圆弧线。以对象边线为对称轴，左右镜像圆弧线，如图1-72所示。

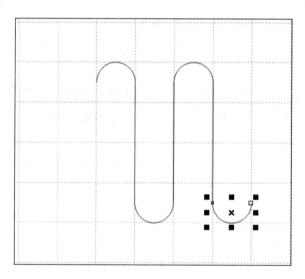

图1-72　左右镜像圆弧线效果

任务4　复制另一半标志图形

1. 任务要求

熟练运用CorelDRAW X6中的旋转复制命令。

2. 操作步骤

（1）旋转并复制对象。按【Ctrl+A】组合键全选对象，按住【Ctrl】键旋转对象，同时右击（左键不放开），当看到光标下出现"+"号时，再同时放开左右键，复制出另一半标志图形，如图1-73所示。

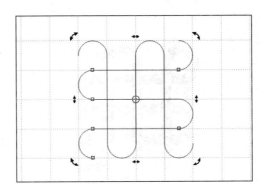

图 1-73　旋转复制对象效果

（2）左右镜像对象。在不取消选择的情况下，单击属性栏中的"左右镜像"按钮 ，效果如图 1-74 所示。

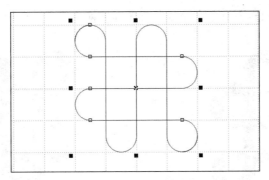

图 1-74　左右镜像对象效果

（3）设置线条宽度。按【Ctrl+A】组合键全选对象，按【F12】快捷键，调出"轮廓笔"对话框，在宽度框中输入"3.5mm"，单击"确定"按钮，参数设置如图 1-75 所示。

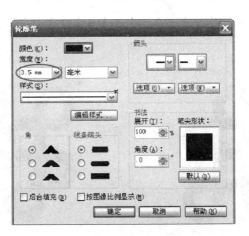

图 1-75　"轮廓笔"对话框

（4）调整线条的大小后效果如图 1-76 所示。

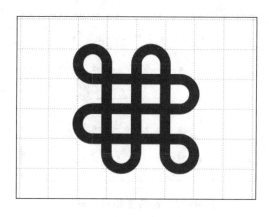

图 1-76 调整线条的大小后效果

（5）将轮廓转换为对象。按【Ctrl+A】组合键全选对象，再按【Ctrl+Shift+Q】组合键或选择【排列】→【将轮廓转为对象】命令，将轮廓转换为对象，如图 1-77 所示。

（a）转换前为线条加粗（单线）　　　　　（b）转换后为填充（双线）

图 1-77 将轮廓转换为对象

（6）快速焊接对象。不要取消选择，单击"焊接"按钮 ，把所有对象焊接为一个对象，如图 1-78 所示。

（a）焊接前为多个对象　　　　　（b）焊接后为一个对象

图 1-78 快速焊接对象

任务5　完成中国结主体部分制作

1. 任务要求

学会运用CorelDRAW X6中的"对齐对象"辅助绘图功能，巩固修剪对象与旋转对象知识。

2. 操作步骤

（1）打开"对齐对象"绘图功能。选择【视图】→【贴齐】→【贴齐网格】命令，取消贴齐网格功能（如"贴齐网格"前没有"√"号）不实行此操作，再选择【视图】→【对齐对象】命令，打开"对齐对象"绘图功能。

（2）设置对齐对象选项。选择【视图】→【设置】→【贴齐对象设置】命令，打开设置对齐对象选项，参数设置如图1-79所示。

图 1-79　贴齐对象设置

（3）绘制修剪辅助矩形。绘制一个"0.5mm×15mm"矩形，复制出18个，运用"对齐对象"功能把18个矩形排列如图1-80所示。

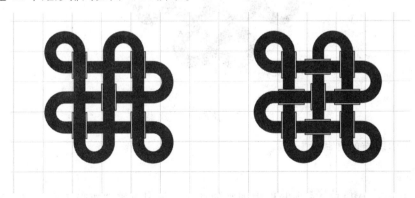

图 1-80　修剪辅助矩形排列效果

（4）修剪对象。群组刚刚绘制的8个矩形，按住【Shift】键选择焊接后的标志图形，然后单击"修剪"按钮　　　修剪对象，删除群组的8个矩形，效果如图1-81所示。

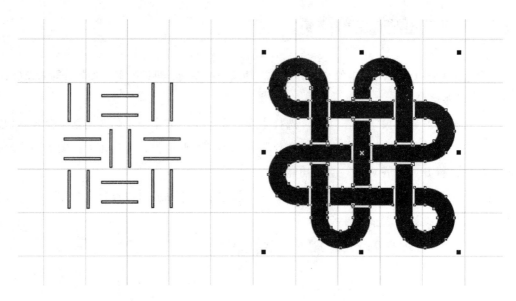

图 1-81　修剪对象后的效果

（5）旋转对象 45°。选择修剪后的标志图形，并旋转 45°，标志制作完成，如图 1-82 所示。

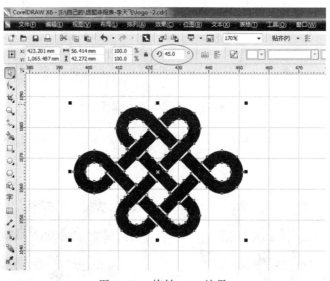

图 1-82　旋转 45°效果

任务 6　中国结的挂耳

1. 任务要求

学会运用 CorelDRAW X6 来制作中国结的挂耳，复习巩固"矩形工具、移动复制和对齐分布命令"等知识。

2. 操作步骤

（1）运用"矩形工具"绘制 3 个正方形，再旋转 45°，具体参数和位置如图 1-83 所示。

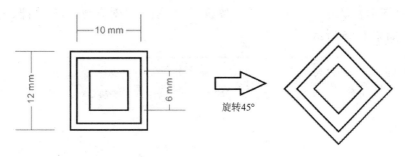

图 1-83　正方形旋转 45°

（2）运用"矩形工具"绘制 3 个长方形，水平居中排列，具体参数和位置如图 1-84 所示。

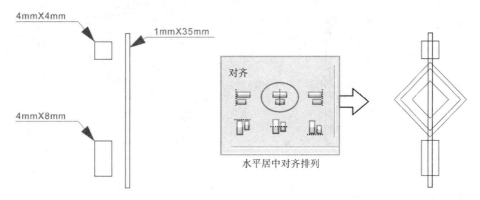

（b）3 个长方形的具体参数　　　　　　（b）水平居中排列位置最终效果

图 1-84　长方形的具体参数和水平居中排列效果

（3）运用"矩形工具"绘制 1 个长方形，再运用"节点形状工具"调整角点，让矩形变为圆角矩形，具体参数如图 1-85 所示。

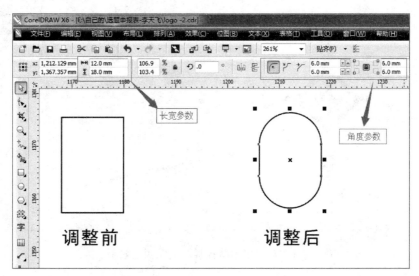

图 1-85　圆角矩形绘制方法图示

（4）全部图形，单击"对齐与分布"按钮 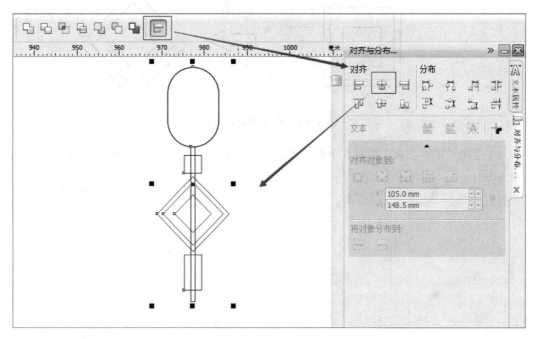，打开"对齐与分布"面板，选择"水平居中对齐"，如图 1-86 所示。

图 1-86　对齐与分布效果

（5）单击颜色样式中的红色和黄色，填充"中国结挂耳"的颜色，效果如图 1-87 所示。

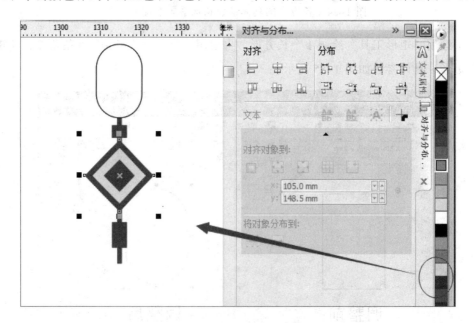

图 1-87　"中国结挂耳"填充颜色效果

（6）选择圆角矩形，调整边线的大小为 2 mm，并右击红色颜色样本，修改线条为红色，如图 1-88 所示。

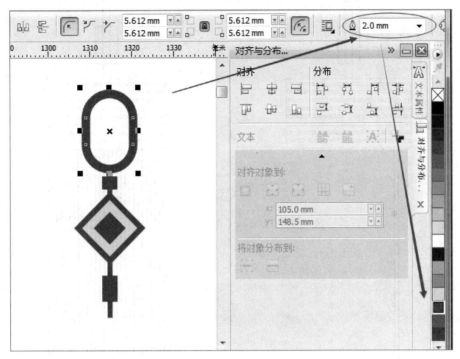

图 1-88　圆角矩形调整边线效果

任务7　中国结的流苏

1. 任务要求

学会运用 CorelDRAW X6 来制作中国结的流苏，复习巩固"矩形工具、移动复制和对齐分布命令"等知识。

2. 中国结的流苏操作步骤，如图 1-89~图 1-94 所示。

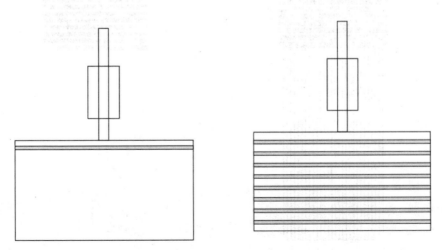

图 1-89　绘制 4 个矩形　　　　　图 1-90　移动复制黄色矩形 8 个

平面设计经典案例教程——CorelDRAW X6

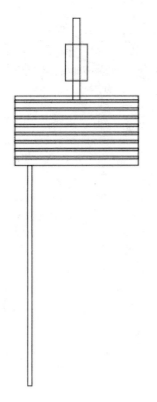

图 1-91　绘制 1 个长矩形

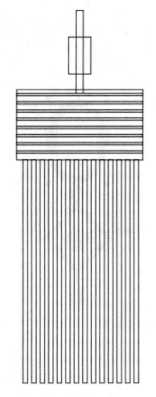

图 1-92　移动复制黄色矩形 14 个

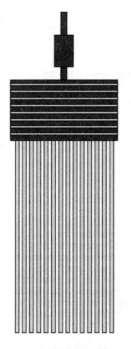

图 1-93　填充红色和黄色

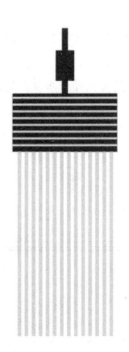

图 1-94　去掉线条颜色

项目布置

按照"项目 4"中的制作步骤的要求，绘制上面的"中国结"标志，要求方法正确，图形标准。

技巧小结

1. 绘制圆角矩形时可直接拖拉矩形顶点；

2. 设置"贴齐对象"选项时要选择使用对象节点，贴齐的半径可根据要求设置，值越大越容易；

3. 若要移动对象中心点，需双击选择对象才能看到对象中心点。

同步练习

1. 把矩形转为曲线的组合键为（　　　）。

    A.【Ctrl+Z】　　B.【Ctrl+E】　　　C.【Ctrl+ Q】　　　D.【Ctrl+C】

2. 在"节点形状"工具属性栏中"分割曲线"按钮是（　　　）。

    A.　　　　　　B.　　　　　　C.　　　　　　D.

3. "拆分对象"按钮是（　　　）。

    A.　　　　　　B.　　　　　　C.　　　　　　D.

4. "左右镜像复制对象"按钮是（　　　）。

    A.　　　　　　B.　　　　　　C.　　　　　　D.

5. "水平居中对齐"按钮是（　　　）。

    A.　　　　　　B.　　　　　　C.　　　　　　D.

拓展训练

1. 请想一想，上面的标志能否运用另外的方法制作，有几种？

2. 参照上面学习方法试试绘制下面的标志。（学生可根据自己的具体情况完成作业，（1）~（3）为基础作业，（4）~（6）为提高作业）

 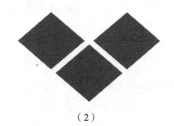 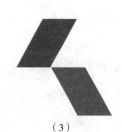

（1）　　　　　　　　　　（2）　　　　　　　　　　（3）

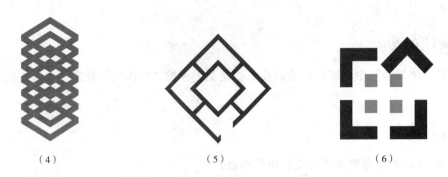

（4）　　　　　　（5）　　　　　　（6）

3. 设计题：用英文"D"字设计一个标志。

项目 5　经典"太极图形"标志的制作

实训项目

正确地绘制出"太极图形"标志，如图 1-95 所示。

图 1-95 "太极图形"标志效果图

项目目标

　　本项目通过对"太极图形"标志的制作，学会圆形、半圆的绘制方法，学会运用对象属性栏按比例缩放对象，能运用快捷键排列对象前后顺序等命令；复习对齐对象、镜像复制等命令。

任务 1　图形标志的分析

　　本图形标志制作步骤分析如图 1-96 所示。

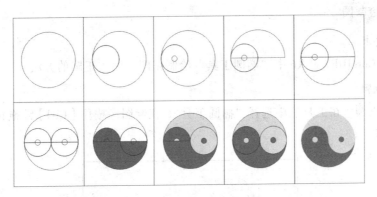

图 1-96 "太极图形"标志制作步骤分析图

任务 2 绘图前准备工作

1. 任务要求

学会运用 CorelDRAW X6 中的选项对话框设置对齐对象选项。

2. 操作步骤

（1）新建文件。启动 CorelDRAW X6，单击"新建文件"按钮 ![icon] 或选择【文件】→【新建】命令，新建一个文件。

（2）打开对齐对象绘图辅助功能。选择【视图】→【对齐对象】命令，打开"对齐对象"选项，打开此选项后，绘图时对象将自动对齐。

（3）设置对齐对象参数。选择【视图】→【对齐对象设置】命令，打开"对齐对象设置"选项，参数设置如图 1-97 所示。

图 1-97 对齐对象参数设置

任务 3　绘制圆

1. 任务要求

学会运用 CorelDRAW X6 中"椭圆工具"绘制正圆、缩放正圆的方法。

2. 操作步骤

（1）绘制正圆。在工具栏中选择"椭圆工具"，在绘图区按住【Ctrl】键拖拉出一个正圆，如图 1-98 所示。

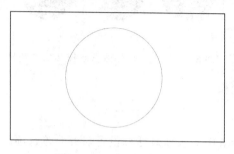

图 1-98　绘制正圆

（2）复制 50%的正圆。按下小键盘（数字键盘）上的"+"号，在原来的位置复制一个圆，然后在圆属性栏的缩放框中宽与高都输入 50%（ ），效果如图 1-99 所示。

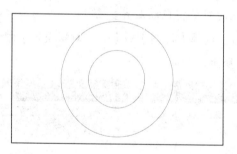

图 1-99　缩小正圆效果

（3）复制 10%小圆。运用同样方法再复制一个 10%的小圆，效果如图 1-100 所示。

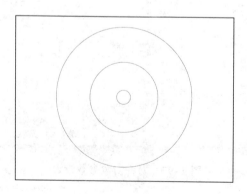

图 1-100　复制 10%小圆效果

（4）移动对齐排列对象。用"箭头工具"框选中间两个小圆，运用"对齐对象"功能，移动排列 3 个圆，位置如图 1–101 所示。

图 1–101 移动排列对齐 3 个圆

知识要点

运用"对齐对象功能"对齐节点时，CorelDRAW X6 默认是以光标的位置为对齐点，因此在选择对象时，请选择需要对齐的节点。

任务 4 绘制半圆

1．任务要求

学会运用椭圆的属性栏绘制半圆的方法，练习巩固"镜像复制对象"命令。

2．操作步骤

（1）绘制半圆。用"箭头工具"单击选择大圆，在属性栏中选择饼形 并输入 180°，效果如图 1–102 所示。

图 1–102 绘制半圆效果

（2）镜像并复制另一个半圆。用"箭头工具"单击选择刚绘制的半圆，运用"镜像并复制"的方法复制出另一个半圆，效果如图 1–103 所示。

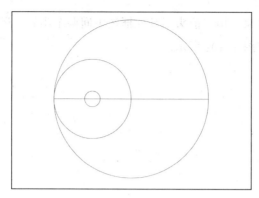

图 1-103   镜像复制半圆后效果

（3）镜像并复制两个小圆。用"箭头工具"框选中心的两个小圆，运用"镜像并复制"的方法复制出另两个小圆，排列效果如图 1-104 所示。

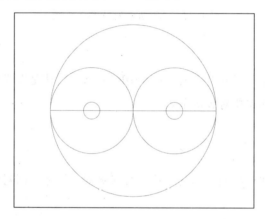

图 1-104   镜像并复制两个小圆效果

任务 5   调整图形前后关系

1. 任务要求

学会运用 CorelDRAW X6 中快捷键排列对象的前后顺序。

2. 操作步骤

（1）填充颜色。分别选择每个对象并逐一填充颜色，效果如图 1-105 所示。

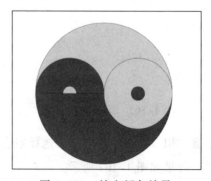

图 1-105   填充颜色效果

（2）排列对象顺序。选择黄色的小圆，按【Shift+PgUp】组合键或选择【排列】→【顺序】→【到前部】命令，将其调到最前面，然后取消所有对象的线条颜色，效果如图 1-106 所示。

图 1-106 最终完成效果

项目布置

按照"项目 5"中的制作步骤，绘制图 1-106 所示的"太极图形"标志，要求方法正确，图形标准。

技巧小结

1. 若要绘制正圆，可按住【Ctrl】键绘制；

2. 若要缩放正圆，可单击缩放框旁的小锁图标，锁定圆的纵横比；

3. 若要排列对象到最前面，可按【Shift+PgUp】组合键；若要排列对象到最后面，可按【Shift+PgDn】组合键。

同步练习

1. 运用椭圆工具按（   ）键拖拉出可绘制正圆。

   A.【Ctrl+I】   B.【Shift】   C.【Ctrl】   D.【Alt】

2. 把对象调到最前面的组合键是（   ）。

   A.【Ctrl+PgUp】 B.【Shift+PgUp】 C.【Shift+PgDn】 D.【Ctrl +PgDn】

3. 绘制半圆按钮是（   ）。

   A.   B.   C.   D.

拓展训练

1. 请想一想，上面的标志能否运用另外的方法制作，有几种？

2. 参照上面学习方法试试绘制下面的标志：（学生可根据自己的具体情况完成作业，（1）~（3）为基础作业，（4）~（6）为提高作业）

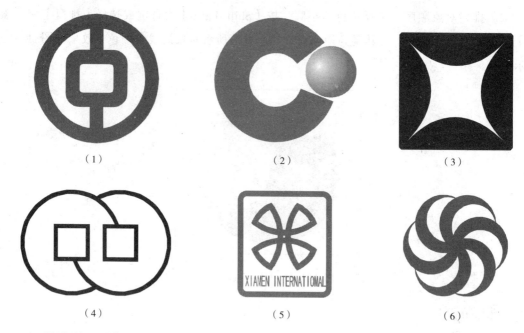

（1）　　　　　　　　（2）　　　　　　　　（3）

（4）　　　　　　　　（5）　　　　　　　　（6）

3．设计题：用英文"C"字设计一个标志。

项目6　经典"奥运会五环"标志的制作

实训项目

正确地绘制出"奥运会五环"标志，如图 1-107 所示。

图 1-107　"奥运会五环"标志

项目目标

本项目通过对"五环"标志的制作，学会运用结合命令绘制圆环的方法，以及快速相交命令产生造型、对象等距分布命令；复习圆的绘制、移动复制等命令。

任务1　图形标志的分析

本图形标志制作步骤的分析，如图 1-108 所示。

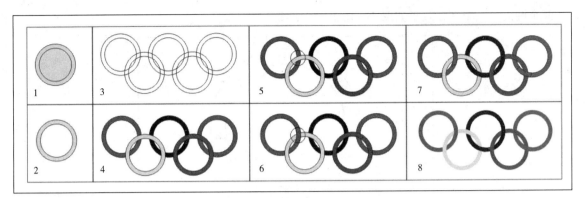

图 1-108　"奥运会五环"标志制作步骤

任务 2　圆环绘制

1. 任务要求

学会运用 CorelDRAW X6 中的结合命令绘制圆环的方法、缩放复制圆的方法。

2. 操作步骤

（1）新建文件。启动 CorelDRAW X6，单击"新建文件"按钮 🗇 或选择【文件】→【新建】命令，新建一个文件。

（2）绘制圆。在工具栏中选择"椭圆工具"，先绘制一个圆，按住【Shift】键不放，向内等比缩放复制一个圆，然后在属性栏中调整圆的缩放比为 80%（   ）效果如图 1-109 所示。

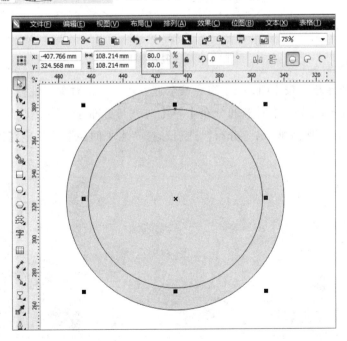

图 1-109　绘制圆

（3）结合两个圆成为圆环。运用"箭头工具"框选两个圆，单击"结合"按钮 ⊙ 结合两个圆成为一个环，效果如图1-110所示。

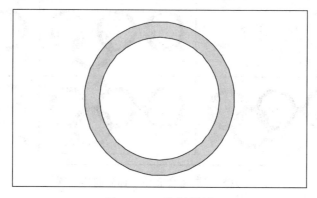

图1-110　绘制圆环

（4）移动并复制圆环。运用"箭头工具"单击选择圆环，运用"移动并复制"的方法复制出5个圆环，排列如图1-111所示。

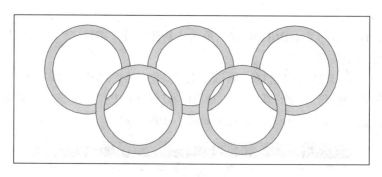

图1-111　复制圆环

（5）分布对齐圆环。按【Ctrl+A】组合键全选五环，单击对象属性栏的"对齐和属性"按钮 或选择【排列】→【对齐和分布】→【对齐与分布】命令，调出"对齐和分布"对话框，"对齐"选项保持默认，"分布"选项选择"水平间距"、"选定范围"，如图1-112所示。

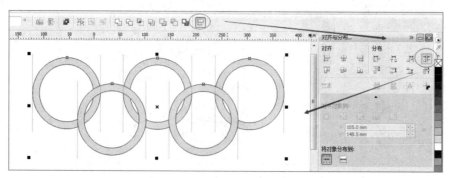

图1-112　分布对齐圆环

（6）按需要填充圆环的颜色，效果如图1-113所示。

图 1-113　填充圆环的颜色

任务 3　绘制五个相扣圆环

1. 任务要求

学会运用 CorelDRAW X6 中的"快速相交"命令产生造型。

2. 操作步骤

（1）绘制一个用来辅助相交的小圆，大小与位置如图 1-114 所示。

图 1-114　绘制小圆

（2）快速相交对象。按住【Shift】键选择小圆与蓝色的环，单击"快速相交"按钮 ，完成后效果如图 1-115 所示。

图 1-115　快速相交对象

（3）运用同样方法在如图 1-116 所示的小圆位置执行"相交"命令。

图 1-116　快速相交制作其他对象

（4）完成后，取消线条颜色，效果如图 1-117 所示。

图 1-117　完成效果

项目布置

按照"项目 6"中的制作步骤，绘制上面的"奥运会五环"标志，要求方法正确，图形标准。

技巧小结

1. 运用快速相交命令时需选择两个对象，并且两个对象有重叠部分，超过两个以上对象时将产生不可预料效果；

2. 要等距排列对象的间距时，需选择 3 个以上的对象才有效。

同步练习

1. 要将两个圆结合为圆环运用（　　　）命令。

A. ▣　　　　B. ▦　　　　C. ▣　　　　D. ▣

2. 要让几个对象水平间距相等排列，可运用"水平间距"命令，下面（　　　）是"水平间距"分布的按钮。

A. ▣　　　　B. ▣　　　　C. ▣　　　　D. ▣

3. 要得到两个圆环重叠部分，可运用"快速相交"命令，下面（　　　　）是"快速相交"的按钮。

A. 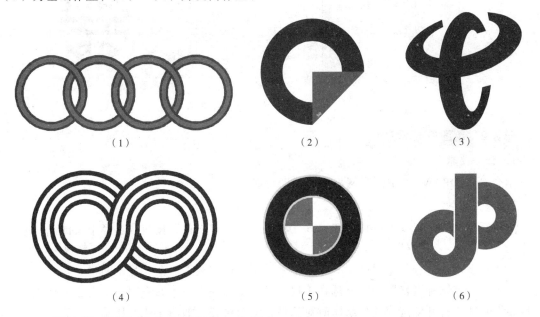 　　B. 　　C. 　　D.

拓展训练

1. 请想一想，上面的标志能否运用另外的方法制作，有几种？

2. 参照上面学习方法试试绘制下面的标志：（学生可根据自己的具体情况完成作业，（1）~（3）为基础作业，（4）~（6）为提高作业）

（1）

（2）

（3）

（4）

（5）

（6）

3. 设计题：用英文"S"字设计一个标志。

项目 7　经典"寿"字标志的制作

实训项目

正确绘制出"寿"字的经典标志，如图 1-118 所示。

图 1-118　"寿"字的经典标志

项目目标

本项目通过对经典"寿"字的经典标志的制作，学会方形与椭圆形工具的综合运用。

任务1 图形标志的分析

本图形标志的制作步骤分析，如图1-119所示。

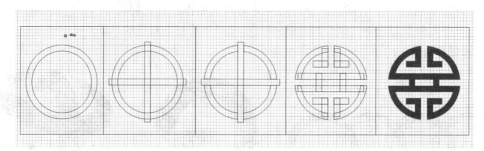

图1-119 经典"寿"字制作步骤

任务2 绘图前准备工作

1. 任务要求

学会CorelDRAW X6中贴齐网格绘图辅助功能。

2. 操作步骤

（1）新建文件。启动CorelDRAW X6，单击 📄 "新建文件"按钮或选择【文件】→【新建】命令，新建一个文件。

（2）显示网格。选择【视图】→【网格】→【文档网格】命令，显示网格。

（3）打开"贴齐网格"功能。选择【视图】→【贴齐】→【贴齐网格】命令，打开"贴齐网格"功能，打开此选项后，绘图时对象将自动与对齐，如图1-120所示。

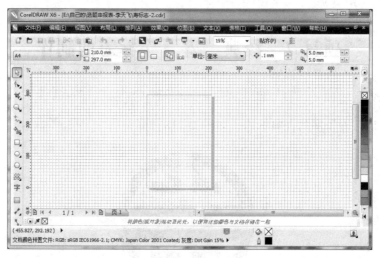

图1-120 显示网格效果

（4）设置网格参数。选择【视图】→【设置】→【网格和标尺设置】命令，打开"网格设置"对话框，参数设置如图1-121所示。

图 1-121　"网格设置"对话框

任务3　绘制圆环

1. 任务要求

熟练运用 CorelDRAW X6 中缩放复制与结合命令。

2. 操作步骤

（1）绘制正圆。先绘制一个直径为 24 mm 正圆，然后以圆心为中心点缩放复制一个直径为 20 mm 正圆，如图 1-122 所示。

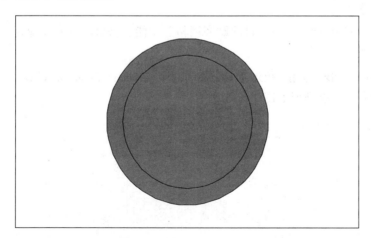

图 1-122　绘制正圆

（2）结合两个圆成圆环。选择两个圆，单击"结合"按钮 ⬡，效果如图 1-123 所示。

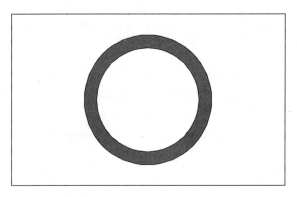

图 1-123　绘制圆环

（3）网格的设置，为下一任务做准备，网格的具体参数如图 1-124 所示。

图 1-124　网格具体参数设置

任务 4　绘制图形文字

1．任务要求

熟练运用 CorelDRAW X6 中"自动贴齐网格"功能、修剪命令及镜像复制方法。

2．操作步骤

（1）绘制两个矩形。运用"矩形工具"绘制两个"26mm×2mm"的矩形，运用 CorelDRAW X6 中"居中对齐"功能排列如图 1-125 所示。

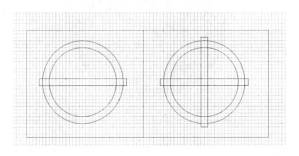

图 1-125　绘制两个矩形

（2）框选所有图形，选择"修剪"命令 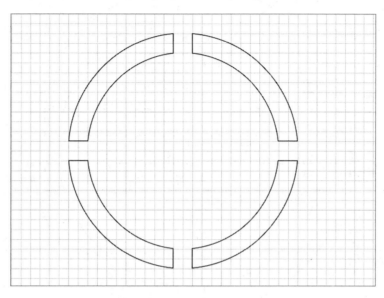 修剪出下面的图形，如图 1-126 所示。

图 1-126 修剪图形

（3）绘制中间两个矩形，并运用"自动贴齐网格"功能和移动复制命令排列，如图 1-127 所示。

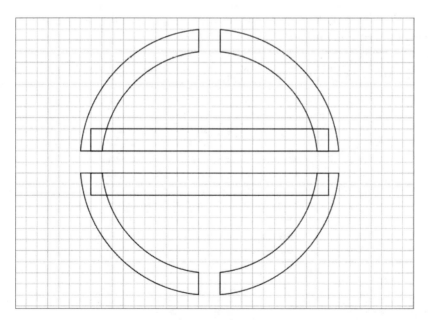

图 1-127 移动排列矩形

（4）绘制标志上部分的两个竖向矩形，并运用"自动贴齐网格"功能和移动复制命令排列，如图 1-128 所示。

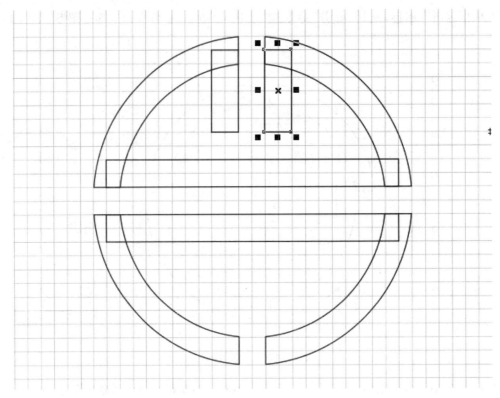

图 1-128　绘制竖向矩形

（5）运用同样方法绘制标志上部分的两个横向矩形，并运用"自动贴齐网格"功能和移动复制命令排列，如图 1-129 所示。

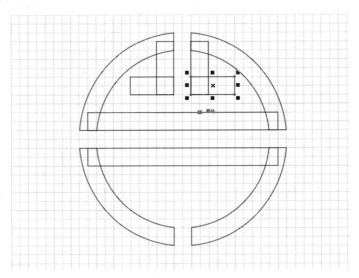

图 1-129　绘制标志的横向矩形

（6）选择"上下镜像复制"命令 复制上面 4 个矩形，并运用"自动贴齐网格"功能排列，如图 1-130 所示。

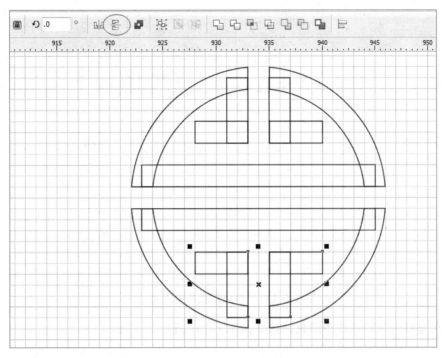

图 1-130　镜像复制矩形

（7）绘制标志中间的两个矩形，并运用"自动贴齐网格"功能排列，如图 1-131 所示。

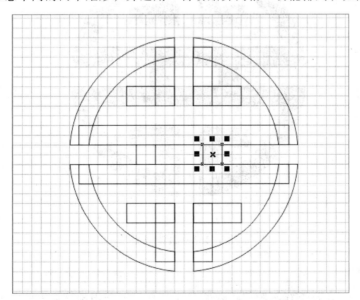

图 1-131　绘制标志中间的两个矩形

（8）快速焊接对象

按【Ctrl+A】组合键选择标志图形，单击"快速焊接"按钮 ，焊接后效果如图 1-132 所示。

图 1-132　快速焊接所有对象

（9）填充颜色并取消线条颜色，效果如图 1-133 所示。

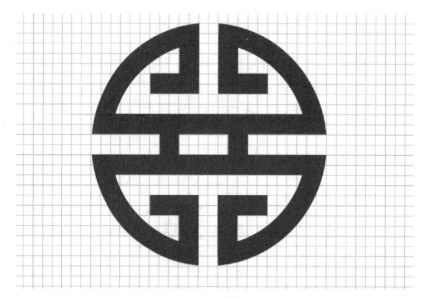

图 1-133　最终效果

项目布置

按照"项目 7"中的制作步骤，绘制图 1-133 所示的"中国经典寿字"标志，要求方法正确，图形标准。

技巧小结

1. 绘制圆环时，若要垂直、水平居中对齐两个圆时，可按【E】、【C】键；

2. 垂直居中对齐时，可按【C】键对齐；

3. 取消群组请按【Ctrl+U】组合键。

🎞 **同步练习**

1. 要将两个圆结合为圆环运用（　　　）命令。

    A. ▣　　　　B. ▦　　　　C. ▨　　　　D. ▧

2. 全选对象的组合键是（　　　）。

    A.【Ctrl+A】　　　　　　　　B.【Ctrl+C】

    C.【Ctrl+U】　　　　　　　　D.【Ctrl+G】

3. 要将两个重叠对象焊接为一个对象，可运用"快速焊接"命令，下面（　　　）是"快速焊接"的按钮。

    A. ▣　　　　B. ⬒　　　　C. ▨　　　　D. ▧

4. 下面（　　　）是"修剪对象"的按钮。

    A. ▣　　　　B. ⬒　　　　C. ▨　　　　D. ▧

5. 下面（　　　）是"上下镜像对象"的按钮。

    A. ▥　　　　B. ▤　　　　C. ▦　　　　D. ▨

🎞 **拓展训练**

1. 请想一想，上面的标志能否运用另外的方法制作，有几种？

2. 参照上面学习方法试试绘制下面的标志：（学生可根据自己的具体情况完成作业，（1）~（3）为基础作业，（4）~（6）为提高作业）

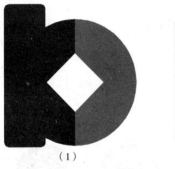

（1）

（2）

（3）

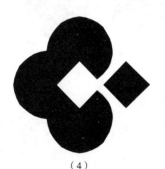

（4）

（5）

（6）

3. 设计题：用英文"B"字设计一个标志。

项目 8 "华强地产"标志的制作

实训项目

正确绘制出"华强地产"标志,如图 1-134 所示。

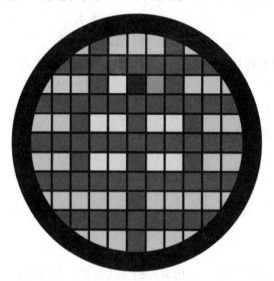

图 1-134 "华强地产"标志

项目目标

本项目通过对"华强地产"标志的制作,学会运用 CorelDRAW X6 中表格工具制作标志,学会移动节点技巧;复习对齐对象、镜像复制等命令。

任务 1 图形标志的分析

本图形标志步骤分析如图 1-135 所示。

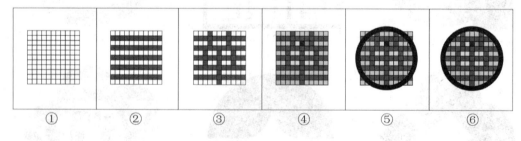

① ② ③ ④ ⑤ ⑥

图 1-135 "华强地产"标志制作步骤图

任务 2 绘制"华"字图形

1. 任务要求

学会运用 CorelDRAW X6 中的"网格工具"绘制标志及取消群组命令。

2．操作步骤

（1）新建文件。启动 CorelDRAW X6，单击"新建文件"按钮 ![] 或选择【文件】→【新建】命令，新建一个文件。

（2）绘制正方形网格。选择工具栏中的"图纸工具" ![]，按住【Ctrl】键绘制一个 11×11 的正方形网格，大小为"110mm×110mm"，如图 1-136 所示。

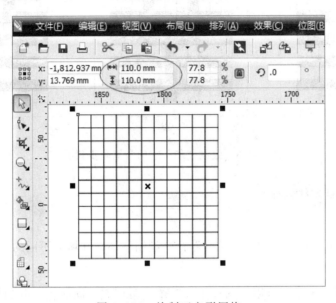

图 1-136　绘制正方形网格

（3）取消群组。选择刚才绘制的正方形网格，按【Ctrl+U】组合键或选择【排列】→【取消群组】命令，取消群组。

（4）绘制"华"字的横笔画。运用选择工具框选相关的表格并填充红色，如图 1-137 所示。

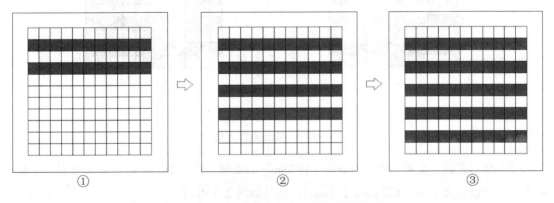

图 1-137　绘制"华"字的横笔画步骤图

（5）绘制"华"字的坚笔画。用同样的方法选择相关的表格并填充红色，如图 1-138 所示。

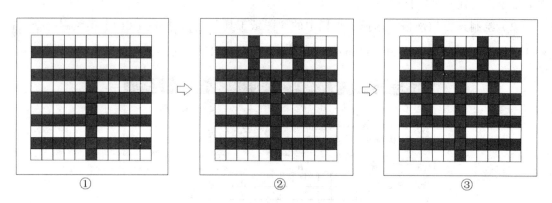

图 1-138　绘制"华"字的坚笔画步骤图

任务 3　绘制标志的修饰

1．任务要求

熟练运用 CorelDRAW X6 中的"结合"命令绘制圆环，并填充不同的表格。

2．操作步骤

（1）装饰方格的填充。运用"选择工具"单线条填充不同颜色，并加粗线为 1mm，如图 1-139 所示。

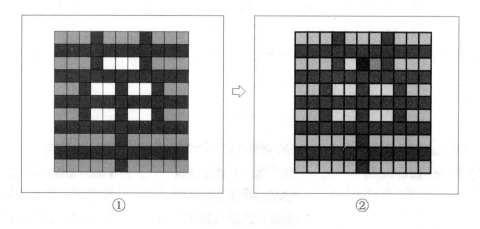

图 1-139　填充装饰方格

（2）绘制正圆。绘制一个"112mm×112mm"的正圆，以圆心为中心点放大复制一个圆，并在属性栏设置大小为"132mm×132mm"，效果如图 1-140 所示。

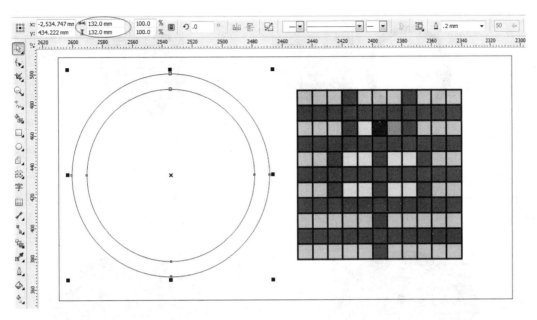

图 1-140 绘制正圆

（3）结合成圆环。选择两个圆，单击"结合"按钮并按【Ctrl+L】组合键，并填充颜色，圆环绘制完成，如图 1-141 所示。

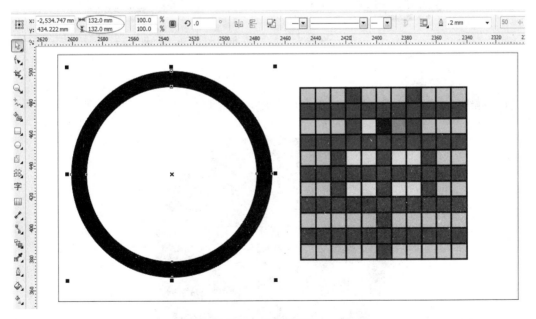

图 1-141 圆环

（4）组合文字与圆环。框选所有的方格并按【Ctrl+G】组合键群组，再选择圆环与"华"字，按【E】、【C】键水平居中和垂直居中对齐，效果如图 1-142 所示。

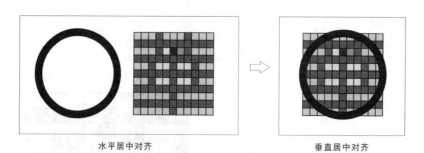

图 1-142　对齐文字与圆环

（5）删除多余的方格。运用"选择工具"按【Ctrl】键单击选择圆环外部的方格，按【Delete】键删除，如图 1-143 所示。

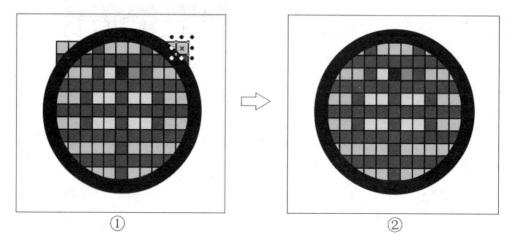

① ②

图 1-143　删除多余方格后效果

（6）群组所有图形，完成标志制作，最终效果如图 1-144 所示。

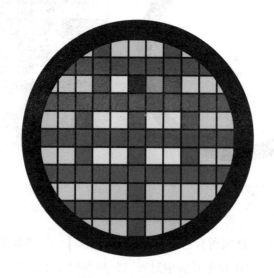

图 1-144　最终效果

项目布置

按照"项目8"中的制作步骤，绘制上面的"华强地产"标志，要求方法正确，图形标准。

技巧小结

1. 绘制网格时要按住【Ctrl】键才能绘制正方形的网格，网格大小为70mm；
2. 移动节点时，请先选择"形状节点工具"。

同步练习

1. 群组对象的组合键是（　　）。
   A.【Ctrl+A】　　　B.【Ctrl+C】　　　C.【Ctrl+U】　　　D.【Ctrl+G】
2. 取消对象群组的组合键是（　　）。
   A.【Ctrl+A】　　　B.【Ctrl+C】　　　C.【Ctrl+U】　　　D.【Ctrl+G】
3. 结并对象的组合键是（　　）。
   A.【Ctrl+L】　　　B.【Ctrl+K】　　　C.【Ctrl+U】　　　D.【Ctrl+G】
4. 拆分对象的组合键是（　　）。
   A.【Ctrl+L】　　　B.【Ctrl+K】　　　C.【Ctrl+U】　　　D.【Ctrl+G】
5. 水平水平居中快捷键是（　　）。
   A.【C】　　　　　B.【E】　　　　　C.【L】　　　　　D.【R】

拓展训练

1. 请想一想，上面的标志能否运用另外的方法制作，有几种？
2. 参照上面学习方法绘制下面的标志：（学生可根据自己的具体情况完成作业，（1）~（3）为基础作业，（4）~（6）为提高作业）

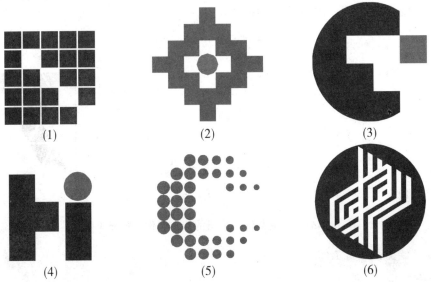

(1)　　　　　(2)　　　　　(3)

(4)　　　　　(5)　　　　　(6)

3. 设计题：用英文"B"字设计一个标志。

项目 9 "一品装饰"标志的制作

实训项目

正确绘制出"一品装饰"公司的标志，如图 1-145 所示。

图 1-145 "一品装饰"公司标志

项目目标

本项目通过对"品装饰"公司标志的制作，学会运用"多边形工具"绘制三角形；复习对齐对象、镜像复制等命令。

任务 1 图形标志的分析

本图形标志制作步骤分析如图 1-146 所示。

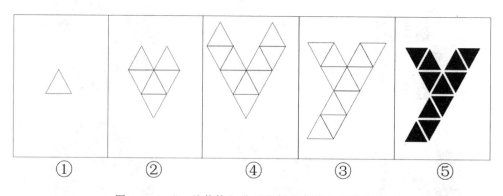

① ② ④ ③ ⑤

图 1-146 "一品装饰"公司的标志制作步骤分析图

任务 2 绘图前准备工作

1. 任务要求

熟练运用 CorelDRAW X6 中的"对齐对象"功能的设置。

2．操作步骤

（1）新建文件。启动 CorelDRAW X6，单击"新建文件"按钮 或选择【文件】→【新建】命令，新建一个文件。

（2）打开"贴齐对象"功能。选择【视图】→【贴齐对象】命令，打开"贴齐对象"功能，打开此选项后，绘图时对象将自动与对齐。

（3）设置"贴齐对象"参数。选择【视图】→【设置】→【贴齐对象设置】命令，打开"贴齐对象"对话框，参数设置如图 1–147 所示。

图 1–147　贴齐对象参数设置

任务 3　绘制标志三角外形

1．任务要求

学会运用在属性栏设置多边形边数。

2．操作步骤

（1）设置多边形边数。选择工具栏中"多边形工具" ，在属性栏中 设置边数为"3"，按住【Ctrl】键绘制一个等边三角形，如图 1–148 所示。

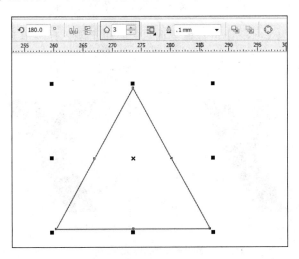

图 1–148　设置多边形边数

（2）复制对象。运用"上下镜像复制""移动复制"命令复制出其他等边三角形，如图 1-149 所示。

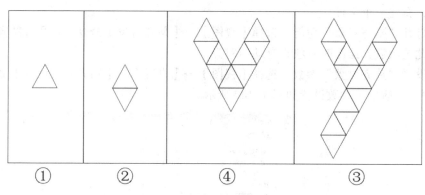

图 1-149　复制多边形对象

（3）删除多余的三角形，效果如图 1-150 所示。

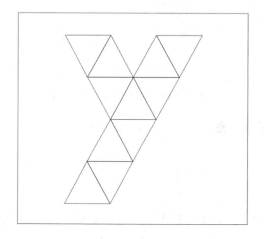

图 1-150　删除多余的三角形后效果

（4）填充颜色。按【Ctrl+A】组合键全选对象，单击颜色样本填充蓝色，线条填充白色，效果如图 1-151 所示。

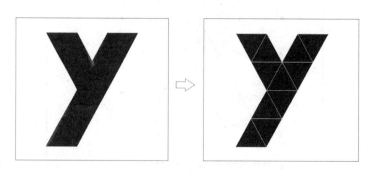

图 1-151　填充颜色

（5）修改线条大小为 1.5mm，线大小根据标志尺寸不同大小要相应变化，效果如图 1–152 所示。

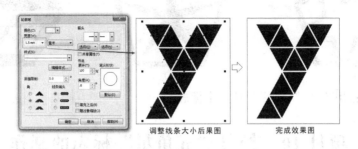

调整线条大小后果图　　　完成效果图

图 1–152　修改线条大小后最终效果

项目布置

按照"项目9"中的制作步骤，绘制上面的"一品装饰"标志，要求方法正确，图形标准。

技巧小结

1. 绘制等边三角形，请按【Ctrl】键拖拉；
2. 移动复制对象时要运用贴齐对象的功能。

同步练习

1. 设置多边形的边数是按钮（　　　）。

A. ⬠ 3　　　　B. 🔩 8　　　　C. ☆ 4　　　　D. ▲ 2

2. 打开"贴齐对象"功能的组合键是（　　　）。

A.【Ctrl+Z】　　B.【Ctrl+Y】　　C.【Ctrl+U】　　D.【Ctrl+G】

3. 打开"贴齐网格"功能的组合键是（　　　）。

A.【Ctrl+Z】　　B.【Ctrl+Y】　　C.【Ctrl+U】　　D.【Ctrl+G】

4. 打开"轮廓"对话框的快捷键是（　　　）。

A.【F11】　　　B.【F9】　　　C.【F10】　　　D.【F12】

拓展训练

1. 请想一想，上面的标志能否运用另外的方法制作，有几种？
2. 参照上面学习方法绘制下面的标志：（学生可根据自己的具体情况完成作业，（1）～（3）为基础作业，（4）～（6）为提高作业）

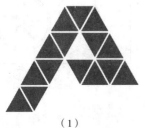
（1）

（2）

（3）

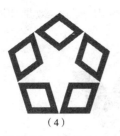  

（4）　　　　　　　（5）　　　　　　　（6）

3. 设计题：用英文"G"字设计一个标志。

项目 10　经典"五角星"标志的制作

实训项目

正确绘制出经典五角星的标志，如图 1-153 所示。

图 1-153　经典五角星

项目目标

本项目通过对经典五角星标志的制作，学会多边形的绘制、设置多边形边数、运用刻刀工具剪切对象等操作；复习对齐对象、旋转对象命令。

任务 1　图形标志的分析

本图形标志制步骤分析如图 1-154 所示。

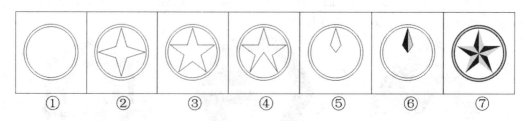

① 　　② 　　③ 　　④ 　　⑤ 　　⑥ 　　⑦

图 1-154　经典五角星制步骤分析图

任务 2   绘制圆环

1．任务要求

熟练运用 CorelDRAW X6 中的"缩放复制"命令及线条的设置选项。

2．操作步骤

（1）绘制正圆。绘制一个"30 mm × 30 mm"的正圆，以圆心为为中心点缩放并复制出一个正圆，在属性栏设置大小为"27 mm × 27 mm"。

（2）结合成圆环。框选两个同心圆，单击"结合"按钮，圆环制作完成，效果如图 1–155 所示。

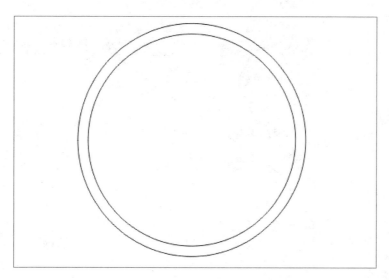

图 1–155   圆环

（3）填充颜色。圆环填充颜色为 10%黑，线条颜色 50%黑，线条大小设置为 0.5 mm，效果如图 1–156 所示。

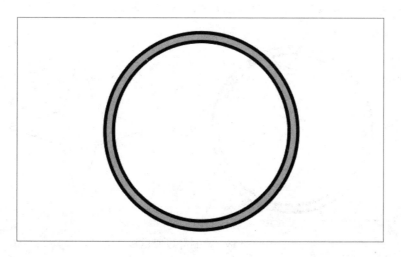

图 1–156   填充颜色

任务3 绘制三角形

1. 任务要求

学会运用"多边形工具"的选项设置多边形的各项参数。

2. 操作步骤

（1）设置多边形参数。选择工具栏中"多边形工具" 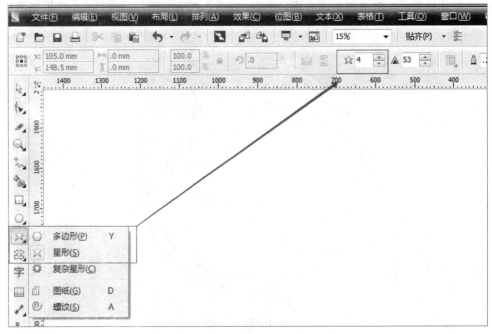，在"属性"面板中设置星形边数为"4"，具体参数如图1-157所示。

图 1-157　设置多边形参数

（2）绘制一个等边四边形。先按住【Ctrl】键绘制一个等边四边形，再在属性栏中设置四边形的大小为"27 mm × 27 mm"，如图1-158所示。

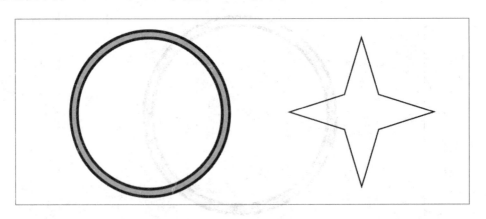

图 1-158　绘制等边四边形

（3）垂直并水平居中对齐对象。按【Ctrl+A】组合键全选两个对象，先后按下【E】与【C】键，垂直并水平居中对齐两个对象，如图1-159所示。

图 1-159　垂直并水平居中对齐对象

（4）修改边数。运用"箭头工具"选择等边四边形，在四边形属性栏中 把边数修改为"5"，如图 1-160 所示。

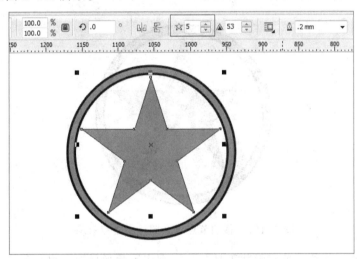

图 1-160　修改多边形边数

任务 4　绘制标志中间的五分之一图形

1. 任务要求

熟练运用 CorelDRAW X6 中"美工刀工具"剪切对象，学会运用"节点工具"移动节点、删除节点。

2. 操作步骤

（1）打开"对齐对象"绘图功能。选择【视图】→【对齐对象】命令，打开对齐对象绘图功能。

（2）设置对齐对象参数。选择【视图】→【设置】→【对齐对象设置】命令，设置对齐对象参数如图 1-161 所示。

图 1-161　对齐对象参数设置

（3）把对象转为曲线。选择三角形星形，按【Ctrl+Q】组合键或单击 把对象转为曲线。

（4）移动节点。单击工具栏"节点形状工具"按钮 ，选择五角星形下边中间的节点，将其与圆环的中心点对齐，如图 1-162 所示。

图 1-162　移动节点对齐圆环中心点效果

（5）删除节点。运用"节点形状工具" ，双击五角形星形下边 6 个节点，将其删除，效果如图 1-163 所示。

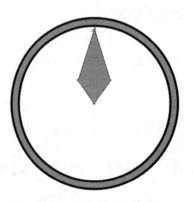

图 1-163　删除节点后效果

（6）剪切对象。选择"刻刀工具" 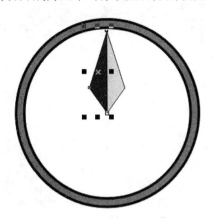，将其属性设置为 （剪切时成为二个独立对象）；运用"刻刀工具"先单击刚刚绘制的图形最上边的节点，再单击最下边的节点，此图形将沿中间切开成为两个对象，然后分别填充不同颜色，如图 1-164 所示。

图 1-164　填充颜色效果

任务 5　组成标志

1．任务要求

学会运用 CorelDRAW X6 中的旋转复制对象的技巧。

2．操作步骤

（1）群组图形。运用"箭头工具"框选刚刚剪切出的两个图形，按【Ctrl+G】组合键群组两个图形。

（2）移动旋转中心点。双击群组图形，让其成为旋转状态，移动其旋转中心点与圆的中心点对齐，如图 1-165 所示。

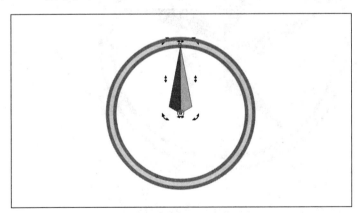

图 1-165　移动中心点对齐圆的中心

（3）使用"旋转面板"旋转复制对象。选择【排列】→【变换】→【旋转】命令，打开"旋转面板"，在"旋转面板"中输入旋转为"72"，副本为"4"，再按"应用"确定，如图 1-166 所示。

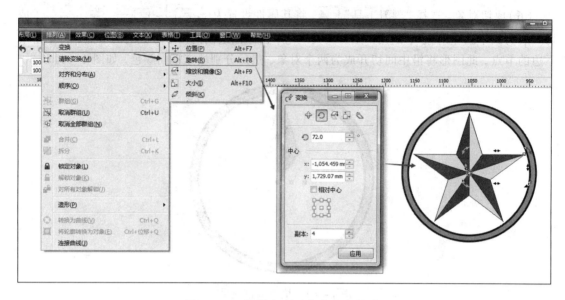

图 1-166 旋转复制对象方法与效果

（4）调整线条的大小与颜色，完成五角星标志制作，具体参数如图 1-167 所示。

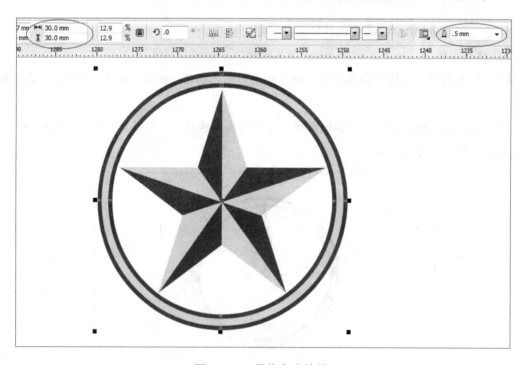

图 1-167 最终完成效果

项目布置

按照"项目 10"中的制作步骤，绘制上面的"太极图形"标志，要求方法正确，图形标准。

技巧小结

因为三角形的中心点不在对象中心，不容易对齐，故先运用四边形对齐圆环，再调整为三角形。

同步练习

1. 打开"结合对象"功能的组合键是（　　　）。

    A.【Ctrl+L】　　　　B.【Ctrl+T】　　　　C.【Ctrl+K】　　　　D.【Ctrl+G】

2. 设置星形的边数是下面哪个按钮（　　　）

    A. ⬠ 3　　　　B. ✹ 8　　　　C. ☆ 4　　　　D. ▲ 2

3. 把对象转为曲线的组合键是（　　　）。

    A.【Ctrl+A】　　　　B.【Ctrl+Q】　　　　C.【Ctrl+K】　　　　D.【Ctrl+R】

4. 删除节点是下面哪个按钮（　　　）。

    A. ⊕　　　　B. ⊖　　　　C.　　　　D.

5. 打开"旋转面板"的组合键是（　　　）。

    A.【Alt+F8】　　　　B.【Alt +F9】　　　　C.【Alt +F7】　　　　D.【Alt +F10】

拓展训练

1. 请想一想，上面的标志能否运用另外的方法制作，有几种？

2. 参照上面学习方法绘制下面的标志：（学生可根据自己的具体情况完成作业，（1）~（2）为基础作业，（3）~（4）为提高作业）

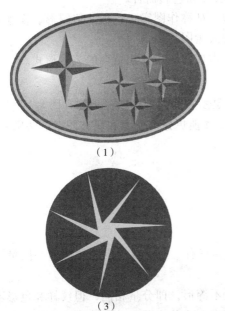

（1）

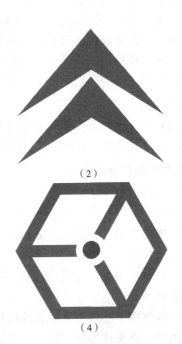

（2）

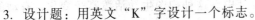

（3）

（4）

3. 设计题：用英文"K"字设计一个标志。

模块 2

图案制作

学习目标

◎　了解图案的定义、分类与形式法则；

◎　学会运用"贝赛尔工具"绘制图案；

◎　能运用"旋转面板"制作圆形连续图案；

◎　熟练掌握"节点形状工具"修改曲线的方法与技巧。

图案"顾名思义"即：图形的设计方案。

广义的图案指对某种器物的造型结构、色彩、纹饰进行工艺处理而事先设计的施工方案，制成图样，通称图案。有的器物(如某些木器家具等)除了造型结构，别无装饰纹样，亦属图案范畴(或称立体图案)。狭义则指器物上的装饰纹样和色彩而言。

一般而言，我们可以把非再现性的图形表现，都称作图案，包括几何图形、视觉艺术、装饰艺术等图案。在计算机设计上，我们把各种矢量图称之为图案。

我们可以说图案是与人们生活密不可分的艺术性和实用性相结合的艺术形式。

1. 图案的分类

图案根据表现形式则有具象和抽象之分。具象图案其内容可以分为花卉图案、风景图案、人物图案、动物图案等等。明确了图案的概念后，才能更好的学习和研究图案的法则和规律。

2. 图案形式规律与法则

（1）变化与统一

变化：是指图案的各个组成部分的差异。

统一：是指图案的各个组成部分的内在联系。

（2）对称与均衡

对称：指假设的一条中心线(或中心点)，在其左右，上下或周围配置同形、同量、同色的纹样所组成的图案。

均衡：中轴线或中心点上下左右的纹样等量不等形，即分量相同，但纹样和色彩不同，是依中轴线或中心点保持力的平衡。在图案设计中，这种构图生动活泼富于变化，有动的感觉，具有变化美。

（3）条理与反复

条理是"有条不紊"，反复是"来回重复"，条理与反复即有规律的重复。

自然界的物象都是在运动和发展着的。这种运动和发展是在条理与反复的规律中进行的，如植物花卉的枝叶生长规律、花型生长的结构、飞禽羽毛和鱼类鳞片的生长排列，都呈现出条理与反复这一规律。

（4）节奏与韵律

节奏是规律性的重复。节奏在音乐中被定义为"互相连接的音，所经时间的秩序"，在造型艺术中则被认为是反复的形态和构造。在图案中将图形按照等距格式反复排列，作空间位置的伸展，如连续的线、断续的面等，就会产生节奏。

韵律是节奏的变化形式。它变节奏的等距间隔为几何级数的变化间隔，赋予重复的音节或图形以强弱起伏、抑扬顿挫的规律变化，就会产生优美的律动感。

（5）对比与调和

对比，是指在质或量方面区别和差异的各种形式要素的相对比较。在图案中常采用各种对比方法。一般是指形、线、色的对比；质量感的对比；刚柔静动的对比。在对比中相辅相成，互相依托，使图案活泼生动，而又不失于完整。

调和就是适合，即构成美的对象在部分之间不是分离和排斥，而是统一、和谐，被赋予了秩序的状态。一般来讲对比强调差异，而调和强调统一，适当减弱形、线、色等图案要素间的差距，如同类色配合与邻近色配合具有和谐宁静的效果，给人以协调感。

项目1 请柬——图案在请柬中的运用

实训项目

能正确制作"如意阁"的请柬，如图2-1所示。

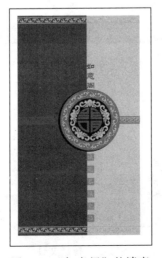

图2-1 "如意阁"的请柬

项目目标

本项目通过对"如意阁"请柬的设计与制作，学会在CorelDraw X6中运用"贝赛尔工具"绘制传统图案，学会运用"旋转复制"制作圆形图案。

任务 1   请柬的图案制作分析

请柬由两个连续图案与两个连续圆形图案组成，连续图案由单独纹样重复构成，连续圆形图案是由单独纹样旋转复制而成，如图 2-2 所示。

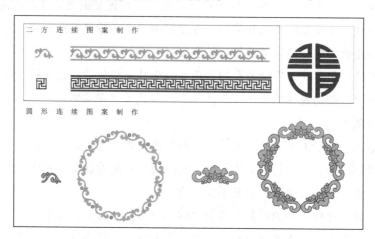

图 2-2   请柬的图案制作分析

任务 2   绘制花形单纹样

1. 任务要求

学会运用 CorelDRAW X6 中的"贝赛尔工具"绘制图案。

2. 操作步骤

（1）启动 CorelDRAW X6，单击"新建文件"按钮 ![按钮] 或选择【文件】→【新建】命令，新建一个文件，如图 2-3 所示。

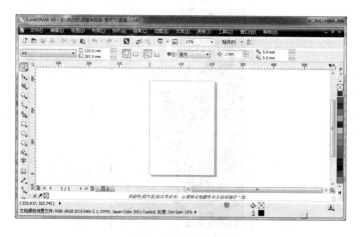

图 2-3   新建文件

（2）选择【文件】→【导入】命令或按【Ctrl+I】组合键，弹出"导入"对话框，如图 2-4 所示。

图 2-4　"导入"对话框

（3）在"导入"对话框中找到需要的文件，然后单击"导入"按钮，导入需要的文件，用"箭头工具"右击刚刚导入的图片，在弹出的上下文菜单中选择"锁定对象"命令，来锁定对象，如图 2-5 所示。

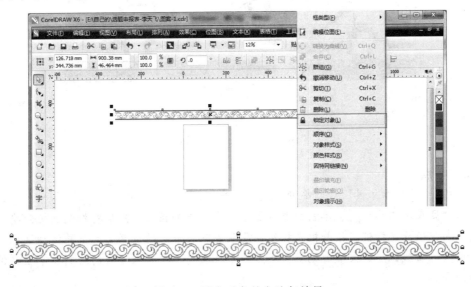

图 2-5　锁定对象的方法与效果

（4）按【F2】键转换为"放大镜工具"，框选放大工作区，如图 2-6 所示。

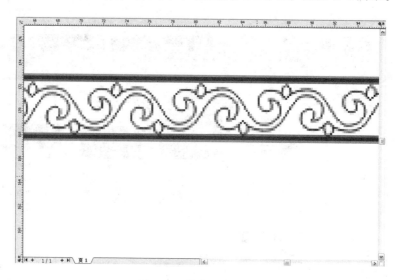

图 2-6　放大视图效果

（5）在工具栏中单击"贝赛尔工具" ，描绘一个单位的图案，再运用"椭圆工具"绘制一个椭圆，如图 2-7 所示。

图 2-7　图案描绘效果

知识要点：

① 运用"贝赛尔工具"绘制平滑曲线：打开"曲线展开工具栏" ，然后单击"贝塞尔工具" 。单击想要放置第一个节点的位置，然后将控制点拖向要让曲线弯曲的方向，松开鼠标键。接着把光标处在要放置下一节点的位置上单击并拖动鼠标，将拉出一条曲线，曲线弧度的大小由拖拉曲线点的手把决定，要结束曲线的绘制按下空格键，如图 2-8 所示。

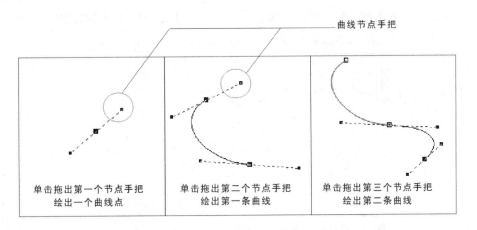

图 2-8 "贝赛尔工具"绘制平滑曲线方法

② 运用"贝赛尔工具"绘制尖突曲线：先按绘制平滑曲线的方法绘制，再在要产生尖突曲线的节点上双击，然后单击拖拉出下一个节点，如图 2-9 所示。

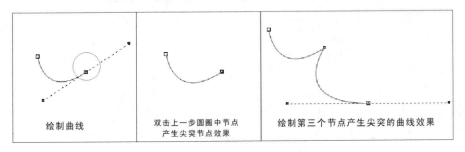

图 2-9 "贝赛尔工具"绘制尖突曲线方法

③ 为了在描绘过程中易识别，我们可以先把线条颜色预设为红色。方法是：运用"箭头工具"单击空白的地方，确定没有选择任何对象，再右击红色，在弹出对话框中单击"确定"按钮完成。

（6）框选刚绘制的图形移出，运用"矩形工具"如图 2-10 所示剪去左边多余部分。

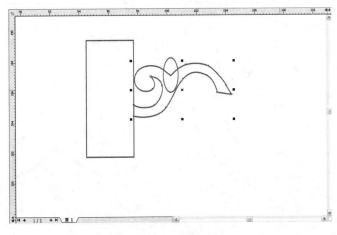

图 2-10 修剪图形

（7）复制刚修剪出的图形，选择【镜像】→【移动】命令按如图 2-11 所示排列。

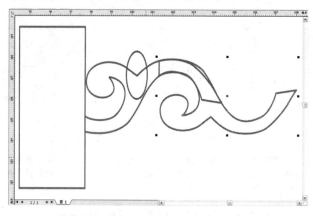

图 2-11　复制图形

（8）运用"矩形工具"如图 2-12 所示剪去右边多余部分。

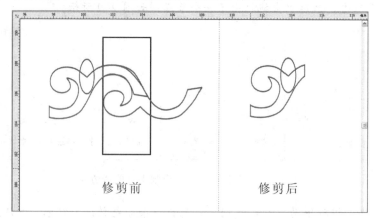

修剪前　　　　　　　修剪后

图 2-12　修剪前后效果对比

（9）复制刚修剪出的图形，选择【镜像】→【移动】命令按如图 2-13 所示排列。

图 2-13　排列对齐图形

（10）按【Alt+Z】组合键打开"对齐对象"功能，运用"节点形状工具"，编辑左边的图形，让两个图形平滑过度，然后再把右边参考的图形删除，如图 2-14 所示排列。

图 2-14　图形删除

　　知识要点：用移动的方法对齐节点时，按【Alt+Z】组合键打开"对齐对象"功能，调整曲线的曲度时关闭此功能。

（11）复制修改好的图形，打开"对齐对象"功能，运用"镜像"命令排列如图 2-15 所示。

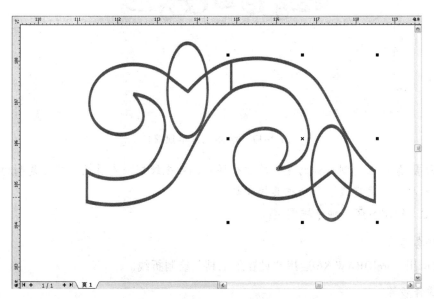

图 2-15　复制图形

（12）运用"快速修剪、快速焊接"命令把图形整理成如图 2-16 所示。

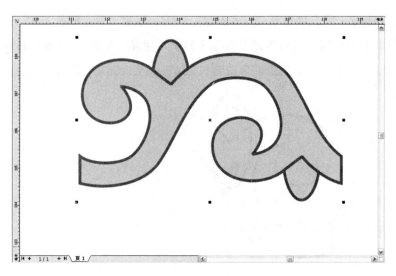

图 2-16　修剪、焊接图形

（13）运用同样的方法绘制另一个花卉单独纹样，如图 2-17 所示。

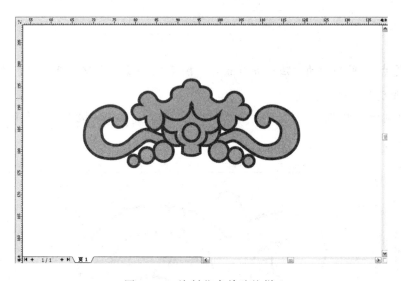

图 2-17　绘制花卉单独纹样

知识要点：在绘制对称的花卉单独纹样时，可先绘制一半再运用镜像复制的方法制作另一半，然后"快速焊接"命令把其接合起来。

任务 3　绘制方形单独纹样图案

1. 任务要求

学会运用 CorelDRAW X6 运用"贝赛尔工具"绘制折线。

2. 操作步骤

（1）绘制一个正方形，打开"对齐对象"功能，以正方形中心为起点绘制折线，如图 2-18 所示。

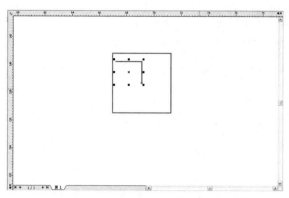

图 2-18　绘制折线

知识要点：运用"贝赛尔工具"绘制折线：先单击开始绘制节点的地方，再依次单击下一个节点，按空格键结束，按住【Ctrl】键可绘制垂直或水平的折线。

（2）把刚绘制折线中心点移至正方形中心，按住【Ctrl】键，运用"旋转复制"命令复制出其余部分，如图 2-19 所示。

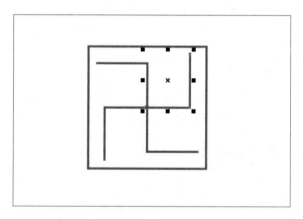

图 2-19　旋转复制折线

（3）全选图形，修改线条到合适大小，如图 2-20 所示。

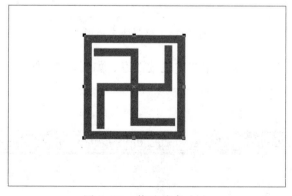

图 2-20　修改线条大小

任务 4　绘制二方连续图案

1. 任务要求

能运用 CorelDRAW X6 中的"复制"命令制作二方连续图案。

2. 操作步骤

（1）打开"对齐节点"功能，运用移动复制的方法，配合【Ctrl+D】组合键复制出二方连续图案，如图 2-21 所示。

图 2-21　二方连续图案

（2）运用"箭头工具"选择辅助线之间的图形，然后单击"快速焊接"按钮，效果如图 2-22 所示。

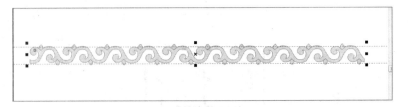

图 2-22　焊接连续图案

（3）运用"矩形工具"绘制两个矩形，效果如图 2-23 所示。

图 2-23　绘制两个矩形

（4）运用同样的方法制作另一个二方连续图案，如图 2-24 所示。

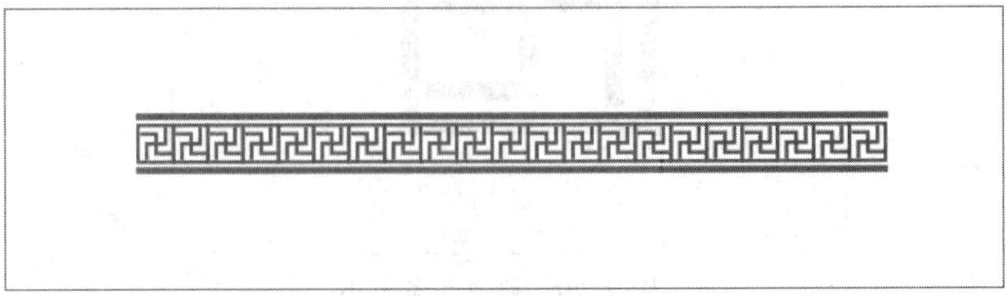

图 2-24　二方连续图案 2

1．任务要求

能运用 CorelDRAW X6 中的"复制"命令制作圆形连续图案。

2．操作步骤

（1）选择花纹单独纹样并结合，然后绘制一个 12 角的星形并旋转 15°，运用"垂直居中对齐"命令排列如图 2-25 所示。

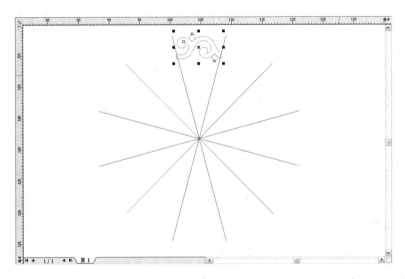

图 2-25 绘制十二角星形

（2）按【Alt+F8】组合键或选择【对象】→【变换】→【旋转】命令，打开"旋转变换"面板，如图 2-26 所示。

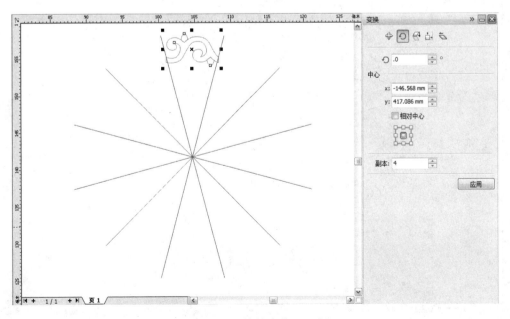

图 2-26 "旋转变换"面板

（3）打开"对齐对象"功能，把单独纹样的中心点移十二星形的中心点，在"旋转变换"面板中输入"30"，在副本中输入"11"，单击"应用"按钮，复制出 12 个纹样，如图 2-27 所示。

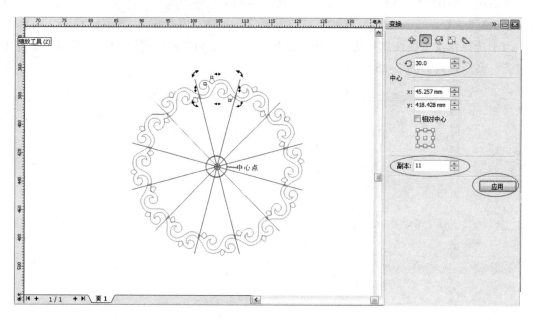

图 2-27　复制出 12 个纹样

（4）按住【Shift】键，运用"箭头工具"单击选择所有的纹样（红色的花心除外），单击"快速焊接"按钮把所有的纹样结合为一个对象，如图 2-28 所示。

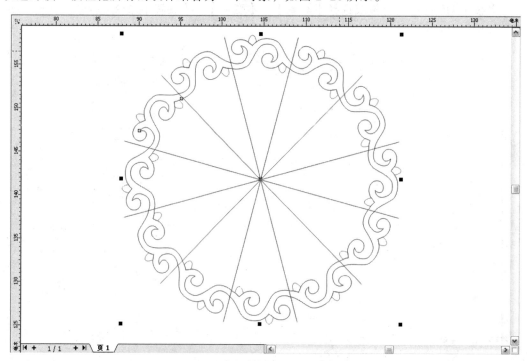

图 2-28　"快速焊接"对象

（5）运用"节点形状工具"，选择纹样之间衔接不自然的节点，再调整曲线到平滑，如图 2-29 所示。

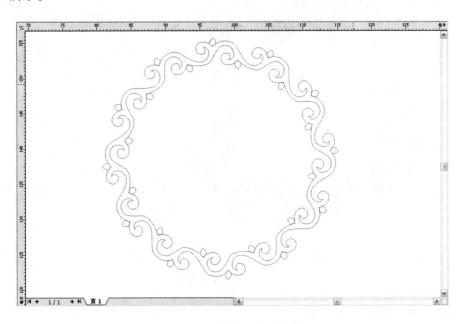

图 2-29 调整曲线平滑度

（6）运用"椭圆工具"绘上小圆形，如图 2-30 所示。

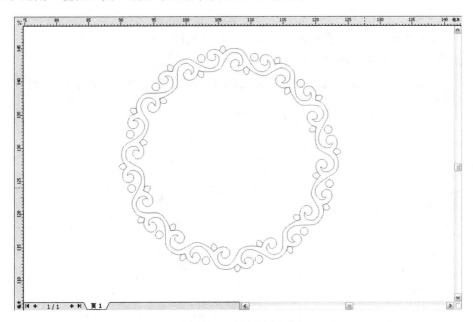

图 2-30 绘制小圆形

为了达到小圆的位置的准确，可运用"旋转变换"面板进行复制。

（7）运用同样的方法制作另一个圆形连续图案，如图 2-31 所示。

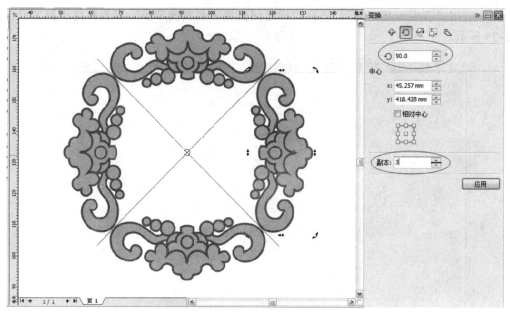

图 2-31　圆形连续图案

任务6　绘制圆形的"请"字

1. 任务要求

能运用 CorelDRAW X6 中的"修剪、焊接、复制"命令制作圆形的"请"字图案。

2. 操作步骤

（1）显示网格并打开"对齐网格"功能，运用"椭圆工具"绘制一个"28mm×28mm"的圆环，沿中心修剪为 4 个部分，如图 2-32 所示。

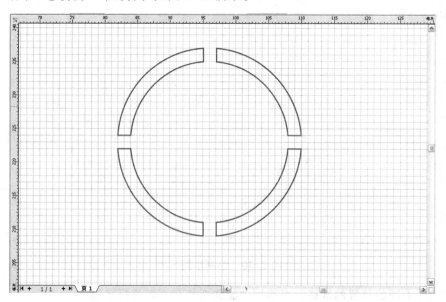

图 2-32　修剪圆环

（2）运用"矩形工具"绘制 14 个矩形，排列如图 2-33 所示。

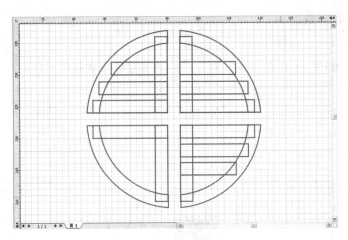

图 2-33   绘制 "矩形"

（3）框选圆环与所有矩形，单击 "快速焊接" 按钮，结合成一个图形，如图 2-34 所示。

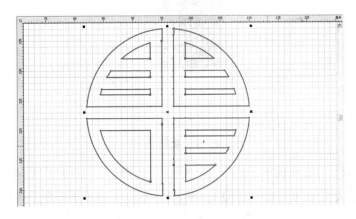

图 2-34   焊接所有图形

（4）运用 "快速修剪" 命令修剪出最后的图形，如图 2-35 所示。

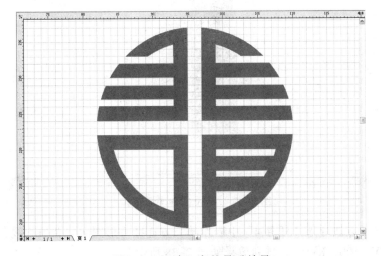

图 2-35   "请" 字的最后效果

任务 7　素材的合成

1. 任务要求

能运用 CorelDRAW X6 中的导入、对齐、移动等命令合成各类素材。

2. 操作步骤

（1）先绘制一个"210mm×120mm"的矩形，填充颜色为（C：0、M：15、Y：90、K：0），再复制出一个"210mm×65mm"的矩形，填充颜色为（C：40、M：80、Y：100、K：20），排列效果如图 2-36 所示。

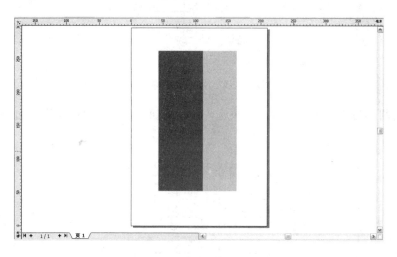

图 2-36　底图绘制

（2）按【Ctrl+I】组合键或单击"导入"按钮　，导入"任务 4"制作的二方连续花卉图案，并填充颜色为（C：0、M：25、Y：100、K：0），复制出另一个，排列效果如图 2-37 所示。

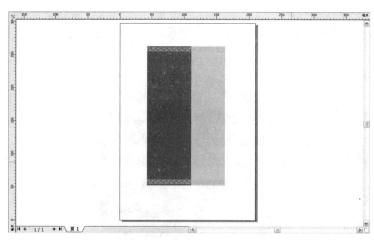

图 2-37　导入二方连续花卉

（3）用同样的方法导入"任务 4"中制作的二方连续方形图案，并填充线条颜色为（C：15、M：100、Y：100、K：0），排列效果如图 2-38 所示。

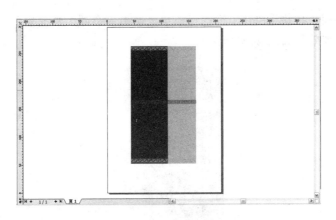

图 2-38　导入二方连续方形图案

（4）用同样的方法导入"任务 5"中制作的二方连续圆形花卉图案，并填充线条颜色为（C：40、M：80、Y：100、K：0），填充对象颜色为（C：0、M：20、Y：100、K：0），效果如图 2-39 所示。

图 2-39　导入二方连续圆形花卉图案

（5）按照圆形花卉图案的大小绘制一个正圆，并填充线条颜色为（C：40、M：80、Y：100、K：0），填充对象颜色为（C：10、M：70、Y：100、K：0），排列居中对齐，效果如图 2-40 所示。

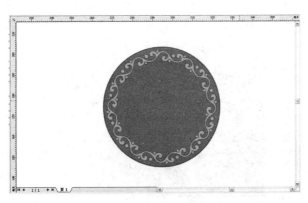

图 2-40　绘制正圆

（6）单击选择圆，按住【Shift】键等比缩小复制出一个圆，填充黑色，框选圆形图案与两个圆并群组，排列效果如图2-41所示。

图2-41 缩小复制圆

（7）用同样的方法导入"任务 5"中制作的另一个二方连续的圆形花卉图案，并填充线条颜色为（C：40、M：80、Y：100、K：0），填充对象颜色为（C：0、M：20、Y：90、K：0），排列居中对齐，效果如图2-42所示。

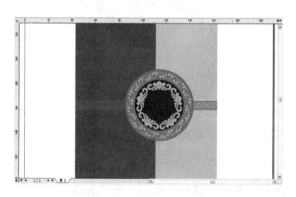

图2-42 导入二方连续的圆形花卉图案

（8）用同样的方法导入"任务 6"中制作的圆形"请"字图案，并填充红色（C：0、M：100、Y：100、K：0），排列居中对齐，效果如图2-43所示。

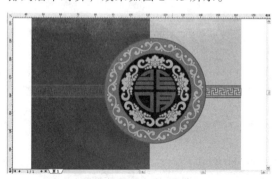

图2-43 导入圆形"请"字图案

（9）框选中间的图案，按【E】、【C】键居中对齐，再按【Ctrl+G】组合键群组，绘制一个圆，填充黑色，单击选择群组图案，按【Shift+PgDn】组合键或选择【对象】→【顺序】→【到前部】命令，把其调到最上一层，调整大小与位置，效果如图 2-44 所示。

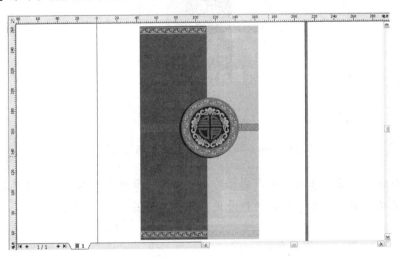

图 2-44　绘制中间圆的投影

（10）在工具栏中选择"文字工具" 字 ，单击空白处并输入"如意阁"3 个字，运用箭头单击选择"如意阁"3 个字，在属性栏中"字体"选择 方正隶二简体 ，"字号大小"选择 24 ，并单击"竖排"按钮 ，文字颜色填充为（C：40、M：80、Y：100、K：0）效果如图 2-45 所示。

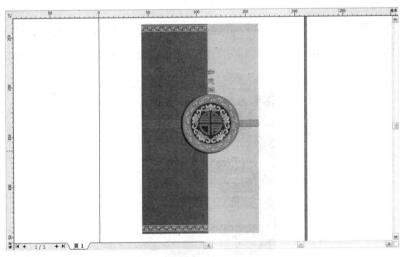

图 2-45　输入"如意阁"文字

（11）运用同样的方法输入"诚邀恭候光临"6 个字，竖排，字体选择"楷体"大小为"16pt"，颜色填充为（C：0、M：15、Y：90、K：0），绘制 6 个矩形放在字的下面颜色填充为（C：0、M：50、Y：90、K：10），排列效果如图 2-46 所示。

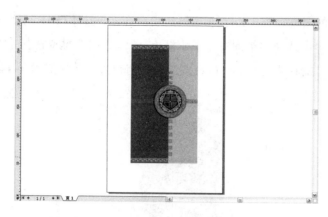

图 2-46　输入"诚邀恭候光临"文字

知识要点：调整文字的行距或间距时，可运用"节点形状工具"单击选择文字，然后拖拉左下角或右下角的行距或间距的符号进行调整，如图 2-47 所示。

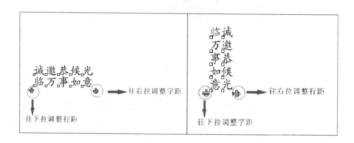

图 2-47　调整文字的行距或间距

（12）单击工具栏中的"手绘工具"，按住【Ctrl】键绘制一条直线，线条颜色为（C：40、M：80、Y：100、K：10），运用移动复制的方法复制出多条直线并群组，如图 2-48 所示。

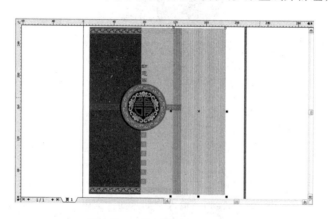

图 2-48　绘制等距排列直线

（13）右击选择群组线条，在弹出的上下文菜单中选择【顺序】→【在前面】命令，当光标变为反箭头时，单击左边深红色的矩形，并移动群组线条到其上面，效果如图 2-49 所示。

图 2-49 最终效果

项目布置

按照"项目 1"中的制作步骤，绘制上面的"请柬"，要求方法正确，图形标准。

技巧小结

运用"贝赛尔工具"绘制图案时，请运用"节点形状工具"进行调整；（2）运用"节点形状工具"双击节点将删除节点，双击线条（没有节点的处）将增加一个节点；（3）修改节点的状态时，请运用"节点形状工具"选择节点，在节点属性栏中修改。

同步练习

1. 使用放大镜工具的快捷键是（　　）。

A.【F2】　　　　B.【F3】　　　　C.【F4】　　　　D.【F5】

2. 打开"贴齐对象"功能的组合键（　　）。

A.【Alt+Z】　　B.【Alt+X】　　C.【Alt+Y】　　D.【Alt+D】

3. 等距再制的组合键（　　）。

A.【Ctrl +Z】　　B.【Ctrl +X】　　C.【Ctrl +V】　　D.【Ctrl +D】

4. 打开"旋转变换"的组合键（　　）。

A.【Alt+F7】　　B.【Alt+ F5】　　C.【Alt+ F8】　　D.【Alt+ F6】

5. 把对象排列到页面后面的组合键（　　）。

A.【Shift+PgDn】　B.【Alt +PgDn】　C.【Ctrl+PgDn】　D.【Alt+ F】

拓展训练

1. 请按上面的方法制作下面的请柬。

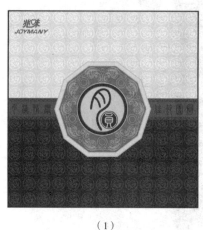 

（1）　　　　　　　　　　　　（2）

2. 设计题：参照上面学习方法设计一个国庆贺卡。

项目 2　中秋贺卡——图案在贺卡中的运用

实训项目

能正确制作中秋贺卡，如图 2-50 所示。

图 2-50　中秋贺卡

项目目标

本项目通过对中秋贺卡的设计与制作，学会在 CorelDRAW X6 中运用"艺术笔工具"的使用，学会运用"旋转复制"制作圆形图案。

任务 1　中秋贺卡制作步骤分析

中秋贺卡由传统的图案边框、连续的圆形图案及艺术文字组成，如图 2-51 所示。

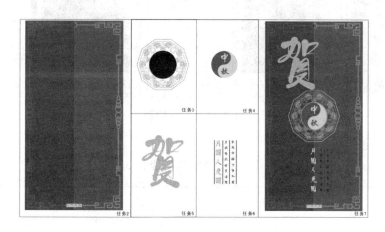

图 2-51　中秋贺卡制作步骤分析图

任务 2　贺卡底图的设计制作

1. 任务要求

学会运用 CorelDRAW X6 中的"贝赛尔工具"传统边框图案及能运用"节点对齐"命令对齐节点。

2. 操作步骤

（1）启动 CorelDRAW X6，单击 "新建文件"按钮 或选择【文件】→【新建】命令，新建一个文件，如图 2-52 所示。

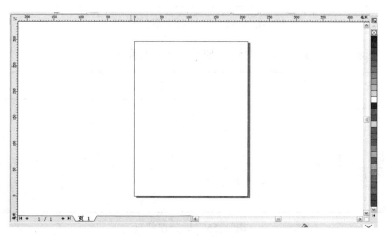

图 2-52　新建文件

（2）运用"矩形工具"绘制两个 56mm×210mm 的矩形，按【Shift+F11】组合键打开"均匀填充"面板，左边矩形的颜色为（C：40、M：100、Y：100、K：0）；右边矩形的颜色为（C：0、M：100、Y：90、K：0），位置排列如图 2-53 所示。

图 2-53　背景绘制

（3）绘制传统的边框图案

① 运用"折线工具" 按住【Ctrl】键绘制折线，如图 2-54 所示。

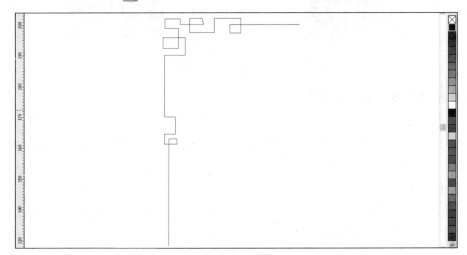

图 2-54　传统的边框图案

② 运用"形状节点工具"拆分曲线，如图 2-55 所示。

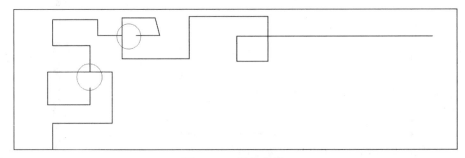

图 2-55　拆分曲线

运用"形状节点工具"拆分曲线技巧图解。

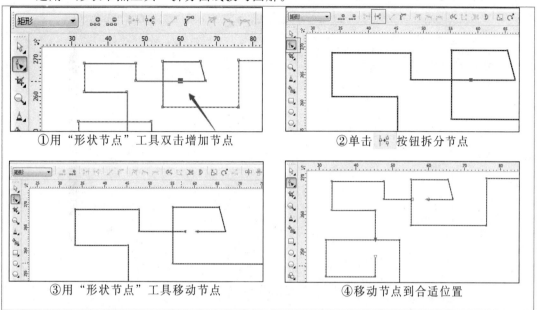

①用"形状节点"工具双击增加节点 ②单击 按钮拆分节点

③用"形状节点"工具移动节点 ④移动节点到合适位置

③ 先用"形状节点工具"选择要对齐的节点，再单击"对齐节点"按钮 ，在弹出的节点对齐选项中选择"垂直对齐"或"水平对齐"方式，完成对齐节点，如图 2-56 所示。

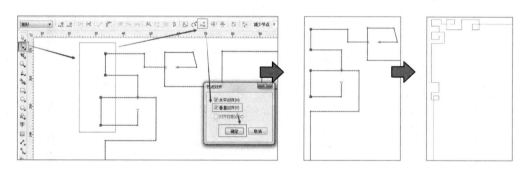

图 2-56　调整节点对齐

④ 镜像复制出另 3 个图形，如图 2-57 所示。

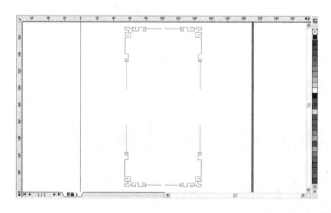

图 2-57　复制图案

⑤ 绘制连接图案的小圆，如图 2-58 所示。

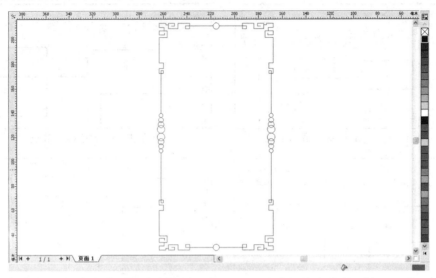

图 2-58　绘制连接图案的小圆效果

⑥ 设置线条的宽度为 1.1mm，如图 2-59 所示。

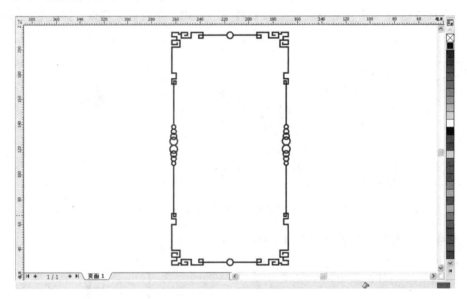

图 2-59　修改线条的宽度效果

任务 3　绘制花形单纹样

1. 任务要求

学会运用 CorelDRAW X6 中的"贝赛尔工具"绘制图案。

2. 操作步骤

（1）启动 CorelDRAW X6，单击"新建文件"按钮 或选择【文件】→【新建】命令，新建一个文件，如图 2-60 所示。

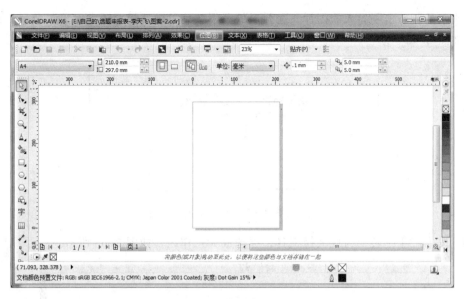

图 2-60　新建文件

（2）选择【文件】→【导入】命令或按【Ctrl+I】组合键，弹出"导入"对话框，如图 2-61 所示。

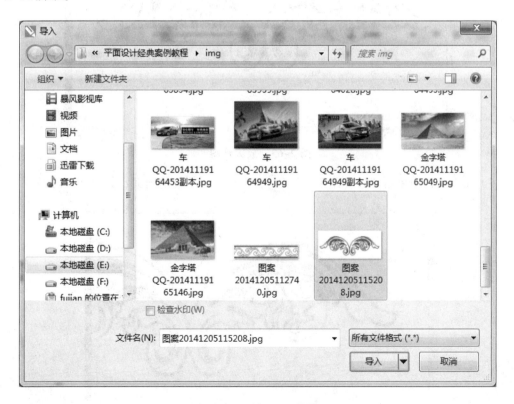

图 2-61　"导入"对话框

（3）在"导入"对话框中找到需要的文件，然后单击"导入"按钮，导入需要的文件，用"箭头工具"右击刚导入的图片，在弹出的上下文菜单中选择"锁定对象"命令，来锁定对象，如图 2-62 所示。

图 2-62　导入图案

（4）按【F2】键转换为放大镜工具，框选放大工作区，如图 2-63 所示。

图 2-63　放大视图

（5）在工具栏中单击"贝赛尔工具"，描绘一个单位的图案，如图 2-64 所示。

图 2-64　描绘一个单位的图案

知识要点：① 运用"贝赛尔工具"绘制平滑曲线：打开"曲线展开工具栏"，然后单击"贝塞尔工具"。单击想要放置第一个节点的位置，然后将控制点拖向要让曲线弯曲的方向，松开鼠标键。接着把光标处在要放置下一节点的位置上单击并拖动鼠标，将拉出一条曲线，曲线弧度的大小由拖拉曲线点的手把决定，要结束曲线的绘制按下空格键，如图 2-65 所示。

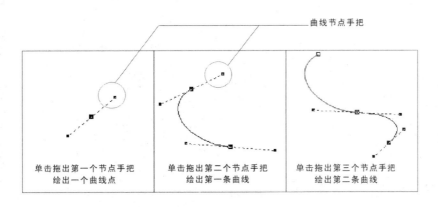

图 2-65　"贝赛尔工具"绘制平滑曲线方法

② 运用"贝赛尔工具"绘制尖突曲线：先按绘制平滑曲线的方法绘制，再在要产生尖突曲线的节点上双击，然后单击拖拉出下一个节点，如图 2-66 所示。

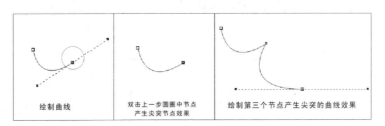

图 2-66　"贝赛尔工具"绘制尖突曲线方法

③ 为了在描绘过程中易识别，我们可以先把线条颜色预设为红色。方法是：运用"箭头工具"单击空白的地方，确定没有选择任何对象，再右击红色，在弹出对话框中单击"确定"按钮，完成。

（6）框选刚绘制的图形移出，如图 2-67 所示。

图 2-67　移出图案

（7）运用镜像复制命令，复制出第二个图案，如图 2-68 所示。

图 2-68　镜像复制图案

知识要点：在绘制对称的花卉单独纹样时，可先绘制一半再运用镜像复制的方法制作另一半，然后用"快速焊接"命令把其接合起来。

（8）选择花纹单独纹样并群组，然后绘制一个五角的星形并旋转 36°，运用"垂直居中对齐"命令排列如图 2-69 所示。

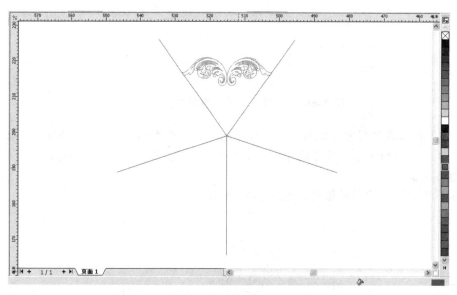

图 2-69　绘制五角的星形

（9）按【Alt+F8】组合键或选择【对象】→【变换】→【旋转】命令，打开"旋转变换"面板，如图 2-70 所示。

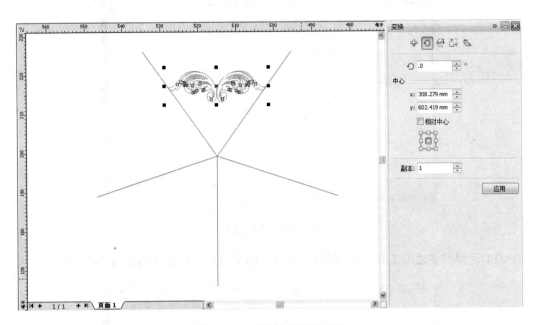

图 2-70 "旋转变换"面板

（10）打开"对齐对象"功能，移动单独纹样中心点与五星形的中心点对齐，在"旋转变换"面板中输入"72"，单击"应用到复制"按钮，复制出 12 个纹样，如图 2-71 所示。

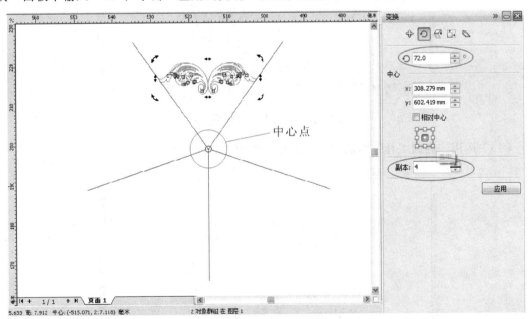

图 2-71 移动单独纹样的中心点

（11）运用"椭圆形工具"绘制圆形，框选所有图案并群组，如图 2-72 所示。

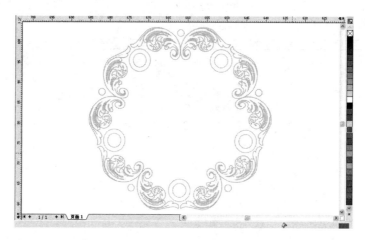

图 2-72　群组图案

（12）运用"多边形工具"，绘制两个十边形的多边形，位置排列如图 2-73 所示。

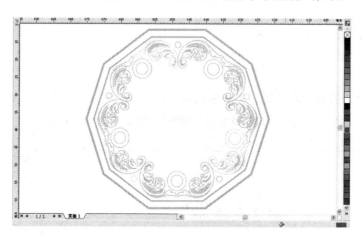

图 2-73　绘制十边形的多边形

（13）运用"椭圆工具"绘制中心的圆形，如图 2-74 所示。

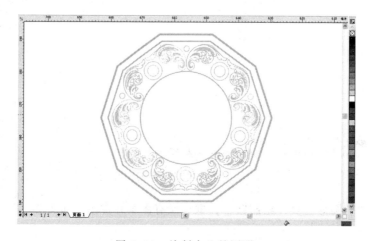

图 2-74　绘制中心的圆形

（14）设置图案的颜色及线条的大小，如图 2-75 所示。

图 2-75　设置颜色及线条大小

任务 4　绘制"中秋"艺术字

1. 任务要求

能运用 CorelDRAW X6 中的"艺术笔、椭圆工具、文字工具"制作"中秋"艺术字。

2. 操作步骤

（1）制作太极图案。

① 运用"椭圆工具"绘制两个半圆，如图 2-76 所示。

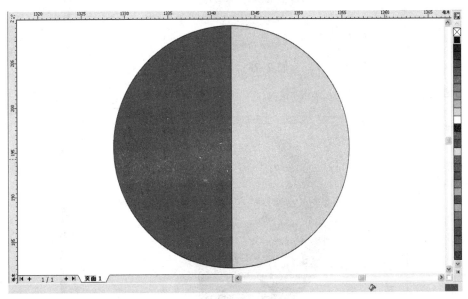

图 2-76　绘制两个半圆

② 运用"椭圆工具"绘制两个小圆，如图 2-77 所示。

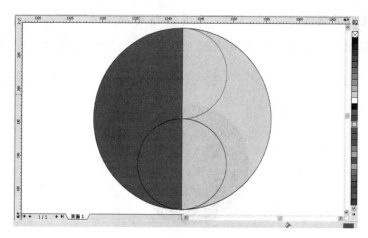

图 2-77　绘制两个小圆

③ 填充颜色，如图 2-78 所示。

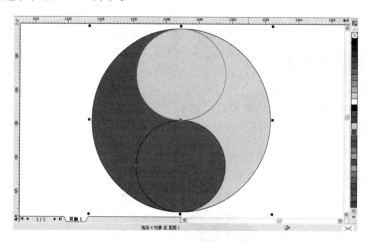

图 2-78　填充颜色

④ 去掉线条颜色，如图 2-79 所示。

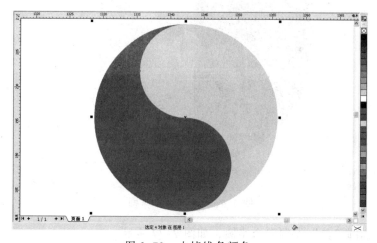

图 2-79　去掉线条颜色

（2）制作艺术——"中秋"。

① 运用"文字工具"输入"中秋"二字，并设置字体为"汉鼎特行"，如图 2-80 所示。

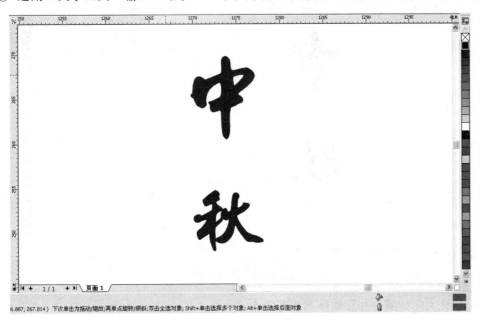

图 2-80 输入"中秋"文字

② 运用复制出一个文字，并转为曲线，填充边框颜色，如图 2-81 所示。

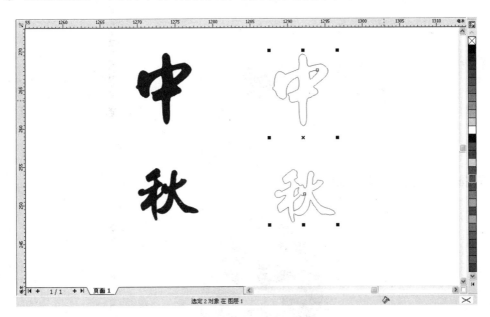

图 2-81 文字转为曲线

③ 选择"艺术笔工具"，选择"笔刷"选项，单击选择"转为曲线的文字"，在属性栏中选择画笔的样式" 艺术 "，效果如图 2-82 所示。

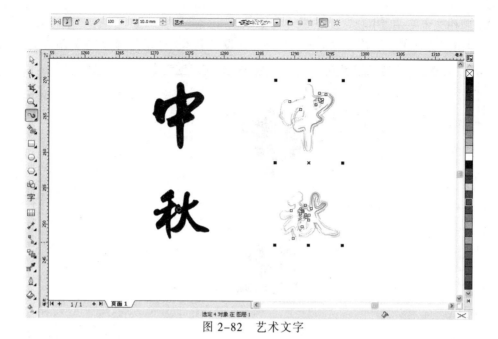

图 2-82　艺术文字

④ 填充文字的颜色并移动排列如图 2-83 所示。

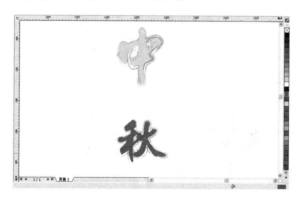

图 2-83　填充文字颜色

⑤ 排列太极图与文字，如图 2-84 所示。

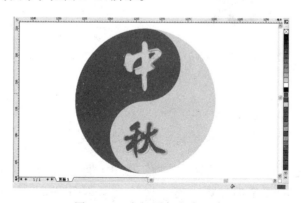

图 2-84　太极图与文字组合

（3）把刚制作的艺术文字与图案排列在一起，如图 2-85 所示。

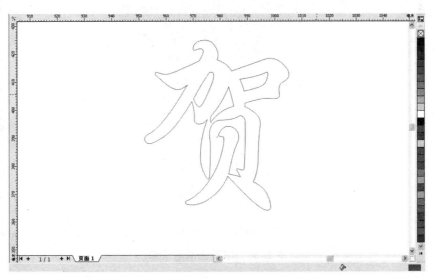

图 2-85　艺术文字与图案组合

任务 5　绘制书法体的"贺"字

1．任务要求

能运用 CorelDRAW X6 中的"艺术笔——预设笔"制作书法体的"贺"字。

2．操作步骤

（1）运用"文字工具"输入"贺"字，文体设置为"行楷"，并填充线条颜色如图 2-86 所示。

图 2-86　输入"贺"字

（2）运用"手绘工具"按照"贺"字轮廓描绘，并运用"节点形状工具"进行调整，如图 2-87 所示。

图 2-87　描绘"贺"字轮廓

运用"手绘工具"绘制文字时，应根据文字的美感进行修改。

（3）选择相应的笔画，单击"艺术笔工具" ，在属性栏中选择画笔的样式为
" 100 6.0 mm CorelDRAW 原版 "，效果如
图 2-88 所示。

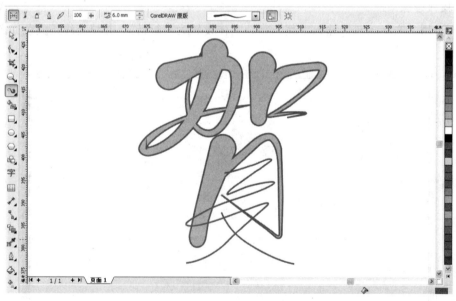

图 2-88　应用艺术笔效果

（4）运用同样的方法，选择相应的笔画，单击"艺术笔工具" ，在属性栏中选择画
笔的样式为" 100 6.0 mm CorelDRAW 原版 "，效果如图 2-89 所示。

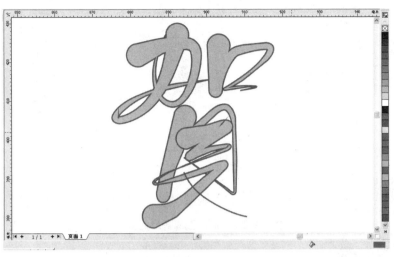

图 2-89　应用艺术笔效果

（5）运用同样的方法，选择相应的笔画，单击"艺术笔工具" ，在属性栏中选择画笔的样式为" "，效果如图 2-90 所示。

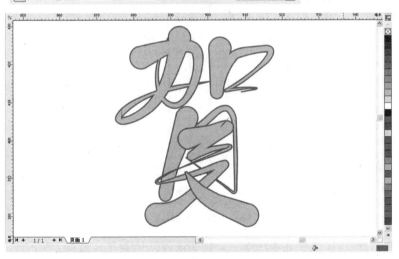

图 2-90　完成"贺"艺术字效果

知识要点：当笔画的方向不对时，可运用"节点形状工具"选择节点，在属性栏中单击"反转曲线方向"按钮旋转曲线方向，如图 2-91 所示。

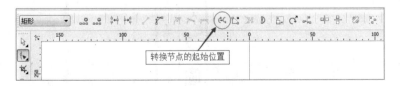

图 2-91　旋转曲线方向

（6）取消线条的颜色，如图 2-92 所示。

图 2-92 "贺"艺术字最终效果

任务 6 制作贺词

1. 任务要求

学会运用 CorelDRAW X6 中文字的"纵向排列"属性和"艺术笔工具"制作贺卡的贺词。

2. 操作步骤

（1）运用"文字工具"输入以下文字，位置排列如图 2-93 所示。

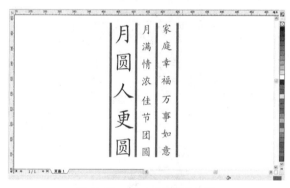

图 2-93 输入祝贺词文字

（2）复制"月圆人更圆"几个文字，并转为曲线，填充线条颜色，如图 2-94 所示。

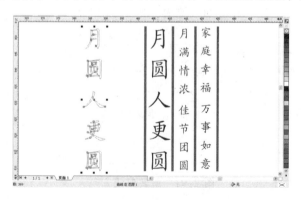

图 2-94 文字转为曲线

（3）选择刚转为曲线的文字，单击"艺术笔工具" ，在属性栏中选择画笔的样式为
" "，效果如图 2-95 所示。

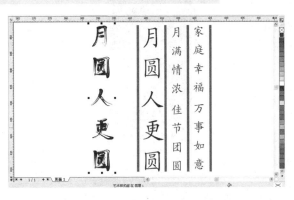

图 2-95 文字应用艺术笔效果

（4）填充颜色并排列位置如图 2-96 所示。

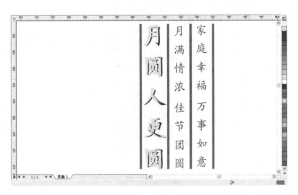

图 2-96 文字填充颜色

（5）排列组合各个任务中的图形。

① 输入"东鹏花园"文字，并填充底图的颜色，排列如图 2-97 所示。

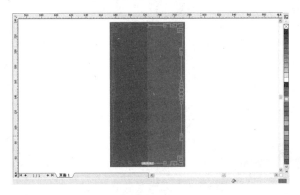

图 2-97 底图填充颜色

② 排列中心图案，如图 2-98 所示。

图 2-98　中心图案排列

③ 排列入"贺"字图案，并设置颜色，如图 2-99 所示。

图 2-99　"贺"字排列

④ 排列入祝贺词并设置颜色，如图 2-100 所示。

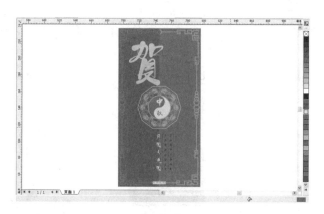

图 2-100　完成贺卡最终效果

 项目布置

按照"项目 2"中的制作步骤，绘制上面的"贺卡"，要求方法正确，图形标准。

技巧小结

运用"贝赛尔工具"绘制图案时，请运用"节点形状工具"进行调整；运用"节点形状工具"双击节点将删除节点，双击线条（没有节点的处）将增加一个节点，修改节点的状态时，请运用"节点形状工具"选择节点，在节点属性栏中修改。

同步练习

1. 下面哪个是"形状节点"工具中对齐节点按钮（   ）。

    A.   B.   C.   D.

2. 导入文件的组合键是（   ）。

    A.【Ctrl +E】   B.【Ctrl +I】   C.【Ctrl +P】   D.【Ctrl +D】

3. 下面哪个是"艺术笔工具"的笔刷选项按钮（   ）。

    A.   B.   C.   D.

4. 下面哪个是"形状节点"工具中"反转曲线方向按钮"（   ）。

    A.   B.   C.   D.

拓展训练

1. 请想一想，上面的贺卡能否运用另外的方法制作，有几种？
2. 设计题：参照上面学习方法设计一个贺卡。

以上的作业从难到易，循序渐进，1 为基础作业，2 为提高作业，老师可根据学生的具体情况布置。

（1）

（2）

模块 3
版式编排设计

学习目标

◎ 了解编排设计的定义、分类与形式法则；

◎ 学会运用"文字工具"输入美术文本与段落文本；

◎ 能运用"文字属性面版"设置文字属性；

◎ 能制作沿路径排列的文字及区域文本。

所谓编排，即在有限的版面空间里，将版面构成要素——文字字体、图片图形、线条线框和颜色色块诸多因素，根据特定内容的需要进行组合排列，并运用造型要素及形式原理，把构思与计划以视觉形式表达出来，也就是寻求艺术手段来正确地表现版面信息。编排是一种直觉性、创造性的活动，是制造和建立有序版面的理想方式。

1. 文字版式编排

文字版式编排是以文字为主的排版样式。其特点：一是文字在排版设计中，不仅仅局限于信息的传达，更是一种高尚的艺术表现形式，此时，文字已提升到具有启迪性和宣传性的作用；二是文字是版面的核心，也是视觉传达最直接的方式，运用经过精心处理的文字材料，不需要任何图形也能够设计出很好的版面效果。

2. 图片版式编排

图片版式编排是以图片为主的排版样式。其特点：一是图片在排版设计中占有很大的比重，"一图胜千字"说明图片的视觉冲击力比文字强，但并非语言或文字表现力减弱了，而是图片在视觉传达上能帮助理解文字含义，更可以使版面立体、真实；二是图片能具体而直接地把我们的意念高素质、高境界地表现出来，在排版设计要素中，形成了独特的性格并成为吸引视觉的重要素材，使本来物变成强而有力的诉求性画面，充满更强烈的创造性，让版式视觉效果和导读效果达到最佳。

3. 形式法则

计算机排版离不开艺术表现，美的形式原理是规范形式美感的基本法则。它是通过重复与交错、节奏与韵律、对称与均衡、对比与调和、比例与适度、变异与秩序、虚实与留白、变化与统一等形式美构成法则来规划版面，把抽象美的观点及内涵诉诸读者，并从中获得美的教育和感受。它们之间是相辅相成、互为因果的，既对立又统一地共存于一个版面之中。

（1）重复与交错

在排版设计中，不断重复使用的基本形或线，它们的形状、大小、方向都是相同的。重复使设计产生安定、整齐、规律的统一。但重复构成的视觉感受有时容易显的呆板、平淡，缺乏趣味性的变化，故此，我们在版面中可安排一些交错与重叠，打破版面呆板、平淡的格局，如图 3-1 和图 3-2 所示。

图 3-1　重复与交错　　　　　　　　　图 3-2　节奏与韵律

（2）节奏与韵律

节奏与韵律来自于音乐概念，正如歌德所言："美丽属于韵律。"韵律被现代排版设计所吸收。节奏是按照一定的条理、秩序、重复连续地排列，形成一种律动形式。它有等距离的连续，也有渐变、大小、长短、明暗、形状、高低等的排列构成。在节奏中注入美的因素和情感——个性化，就有了韵律，韵律就好比是音乐中的旋律，不但有节奏更有情调，它能增强版面的感染力，开阔艺术的表现力。

（3）对称与均衡

两个同一形状的并列与均齐，实际上就是最简单的对称形式。对称是同等同量的平衡。对称的形式有以中轴线为轴心的左右对称、以水平线为基准的上下对称和以对称点为源的放射对称，还有以对称面出发的反转形式。其特点是稳定、庄严、整齐、秩序、安宁、沉静，如图 3-3 和图 3-4 所示。

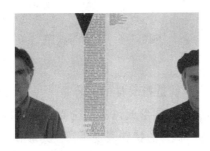

图 3-3　对称与均衡　　　　　　　　　图 3-4　对比与调和

（4）对比与调和

对比是差异性的强调，对比的因素存在于相同或相异的性质之间。也就是把相对的两要素互相比较之下，产生大小、明暗、黑白、强弱、粗细、疏密、高低、远近、硬软、直曲、浓淡、动静、锐钝、轻重的对比，对比的最基本要素是显示主从关系和统一变化的效果。

调和是指适合、舒适、安定、统一是近似性的强调，使两者或两者以上的要素相互具有共性。对比与调和是相辅相成的。在版面构成中，一般整体版面宜调和，局部版面宜对比。

（5）比例与适度

比例是形的整体与部分以及部分与部分之间数量的一种比率。比例又是一种用几何语言和数比词汇表现现代生活和现代科学技术的抽象艺术形式。成功的排版设计，首先取决于良好的比例：等差数列、等比数列、黄金比等。黄金比能求得最大限度的和谐，使版面被分割的不同部分产生相互联系。

适度是版面的整体和局部与人的生理或习性的某些特定标准之间的大小关系，也就是排版要从视觉上适合读者的视觉心理。比例与适度，通常具有秩序、明朗的特性，给人一种清新、自然的新感觉，如图 3-5 所示。

（6）变异与秩序

变异是规律的突破，是一种在整体效果中的局部突变。这一突变之异，往往就是整个版面最具动感、最引人关注的焦点，也是其含义延伸或转折的始端，变异的形式有规律的转移、规律的变异，可依据大小、方向、形状的不同来构成特异效果。

秩序美是排版设计的灵魂：它是一种组织美的编排，能体现版面的科学性和条理性。由于版面是由文字、图形、线条等组成，尤其要求版面具有清晰明了的视觉秩序美。构成秩序美的原理有对称、均衡、比例、韵律、多样统一等。在秩序美中融入变异之构成，可使版面获得一种活动的效果，如图 3-6 所示。

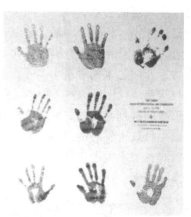

图 3-5　比例与适度　　　　　　图 3-6　变异与秩序

（7）虚实与留白

中国传统美学上有"计白守黑"这一说法。就是指编排的内容是"黑"，也就是实体，斤斤计较的却是虚实的"白"，也可为细弱的文字、图形或色彩，这要根据内容而定。

留白则是版中未放置任何图文的空间,它是"虚"的特殊表现手法。其形式、大小、比例、决定着版面的质量。留白的感觉是一种轻松，最大的作用是引人注意。在排版设计中，巧妙地留白，讲究空白之美，是为了更好地衬托主题，集中视线和造成版面的空间层次，如图 3-7 所示。

（8）变化与统一

变化与统一是形式美的总法则，是对立统一规律在版面构成上的应用。两者完美结合，是版面构成最根本的要求，也是艺术表现力的因素之一。变化是一种智慧、想象的表现，是强调种种因素中的差异性方面，造成视觉上的跳跃。

统一是强调物质和形式中种种因素的一致性方面，最能使版面达到统一的方法是保持版面的构成要素要少一些，而组合的形式却要丰富些。统一的手法可借助均衡、调和、秩序等形式法则，如图 3-8 所示。

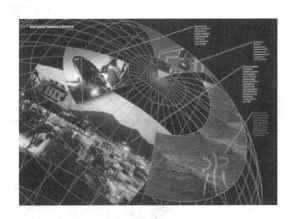

图 3-7　虚实与留白　　　　　　　　　　　　图 3-8　变化与统一

项目 1　白云学院 DM 小册内页

实训项目

能正确制作白云学院 DM 小册内页，如图 3-9 所示。

图 3-9　白云学院 DM 小册内页

项目目标

本项目通过对制作白云学院 DM 小册内页制作设计，学会在 CorelDRAW X6 中运用文字工具。

任务 1　白云学院 DM 宣传小册内页制作分析

本案例以白云学院 DM 宣传小册内页为范本，从标志绘制到文字与图形的编排进行设计的具体步骤分析，如图 3-10 所示。

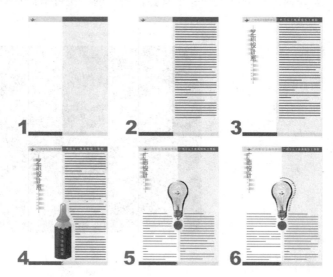

图 3-10　白云学院 DM 宣传小册内页制作步骤分析

任务 2　制作白云学院标志

1. 任务要求

学会运用 CorelDRAW X6 中的"矩形工具与节点工具"绘制标志。

2. 操作步骤

（1）启动 CorelDRAW X6，单击"新建文件"按钮 📁 或选择【文件】→【新建】命令，新建一个文件，如图 3-11 所示。

图 3-11　新建文件

（2）单击工具栏中选择"矩形工具"绘制一个矩形并按【Ctrl+Q】组合键转为曲线，再复制出两个矩形，如图 3-12 所示。

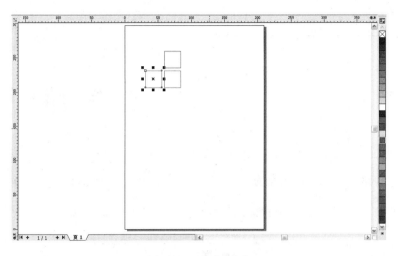

图 3-12　绘制矩形

（3）单击工具栏中 "节点形状工具" 分别选择每个矩形的一个顶点并删除，如图 3-13 所示。

（4）运用"箭头工具"缩放调整各个图形，效果如图 3-14 所示。

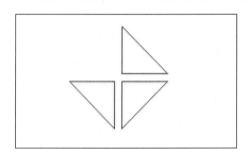

图 3-13　删除节点

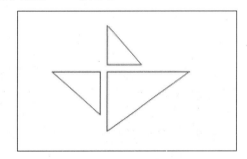

图 3-14　缩放图形

（5）选择下面一个三角形，运用"节点形状工具" 选择框最下面的节点（或全部节点），单击"转换为曲线节点"按钮 ，把直线节点转换为曲线节点，然后运用"节点形状工具"选择单击三角形长边的中间往上拖拉，如图 3-15 所示。

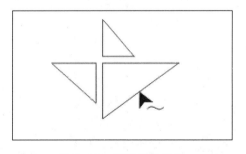

图 3-15　调整曲线弧度

（6）运用同样的方法调整另一个三角形，效果如图 3-16 所示。

（7）填充颜色，效果如图 3-17 所示。

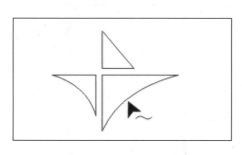

图 3-16　调整其他曲线弧度　　　　　　　　　　图 3-17　完成 LOGO

（8）按如图 3-18 所示的绘制背景色，页面大小为"210mm×285mm"，并好标志。

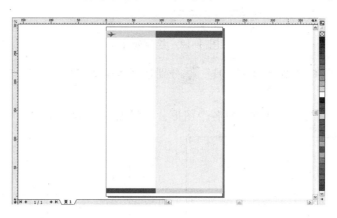

图 3-18　背景色绘制

任务3　输入文字

1．任务要求

学会运用 CorelDRAW X6 文字工具输入文字。

2．操作步骤

（1）选择工具栏中的"文字工具"　字　单击拖拉出一个文字框，如图 3-19 所示。

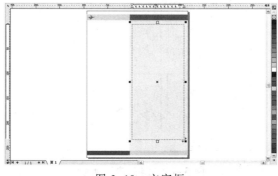

图 3-19　文字框

（2）打开预先在"Word"中打好的文字，选择【复制】→【粘贴】命令把文字粘贴过来，在弹出的对话框中选择"摒弃字体和格式"，如图 3-20 所示。

（3）单击"确定"按钮，效果如图 3-21 所示。

图 3-20　"粘贴文本"对话框　　　　　　　　　　　　图 3-21　粘贴文字

（4）保持段落文本为选择状态，单击属性栏红色圈中的" 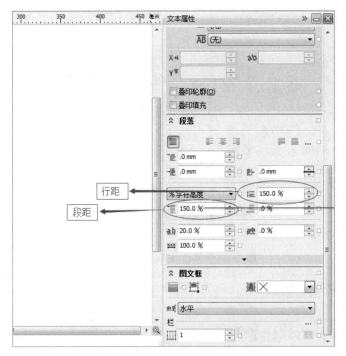 "按钮或选择【文本】→【文本属性】命令，打开"文本属性"对话框设置段距与行距，参数设置如图 3-22 所示。

图 3-22　"文本属性"对话框

（5）设置完成段落文本段距与行距后，效果如图 3-23 所示。

图 3-23　调整文本段距与行距后效果

（6）保持文字为选择状态，修改文本字体为"黑体"，按如图 3-24 所示排列。

图 3-24　修改文本字体后效果

任务 4　绘制标题文字

1. 任务要求

能运用 CorelDRAW X6 制作箭头。

2. 操作步骤

（1）运用"文字工具"输入标题文字"艺术设计系"（格式为竖排，字体为综艺体，大小为 36pt，颜色为大红）"设计师的摇篮"（格式为竖排，字体为黑体，大小为 12pt，颜色为 40%

黑），效果如图 3-25 所示。

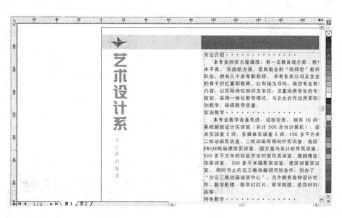

图 3-25　输入标题文字

（2）运用"矩形工具"绘制几个渐变填充的矩形，排列效果如图 3-26 所示。

图 3-26　矩形填充渐变效果

（3）运用"贝塞尔线工具" 按住【Ctrl】键绘制一条直线，如图 3-27 所示。

图 3-27　绘制一条直线

（4）保持直线为选择状态，单击直线属性栏中"设置箭头"按钮，设置箭头，如图 3-28 所示。

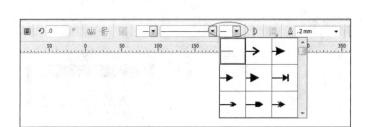

图 3-28　设置箭头

（5）箭头设置完成后，效果如图 3-29 所示。

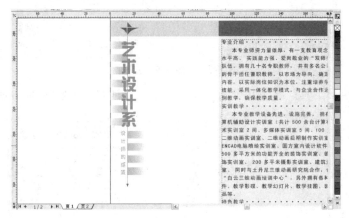

图 3-29　箭头效果

任务5　绘制创意的铅笔

1．任务要求

能运用 CorelDRAW X6 中的复制命令制作二方连续图案。

2．操作步骤

（1）运用"矩形工具"绘制绿色铅笔杆，左边矩形填充颜色（C：80，M：20，Y：90，K：0）；中间的矩形填充颜色（C：85，M：45，Y：95，K：10）；右边矩形填充颜色（C：90，M：60，Y：90，K：40），如图 3-30 所示。

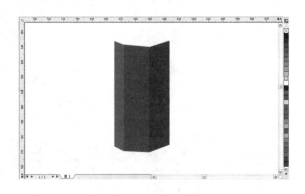

图 3-30　绘制绿色铅笔杆

（2）运用"多边形工具"绘制三角形的铅笔头部，步骤如图 3-31 所示。

（3）先选择第二步复制出的三角形，按住【Shift】键再选择外边的大三角形，单击"快速修剪"按钮，把大的三角形修剪为两个，同样先选择最小的三角形，按住【Shift】键第二步复制出的三角形，单击"快速修剪"按钮，修剪三角形，如图 3-32 所示。

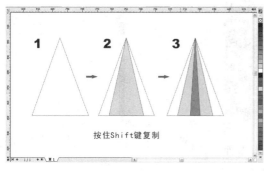

图 3-31　铅笔头部过程

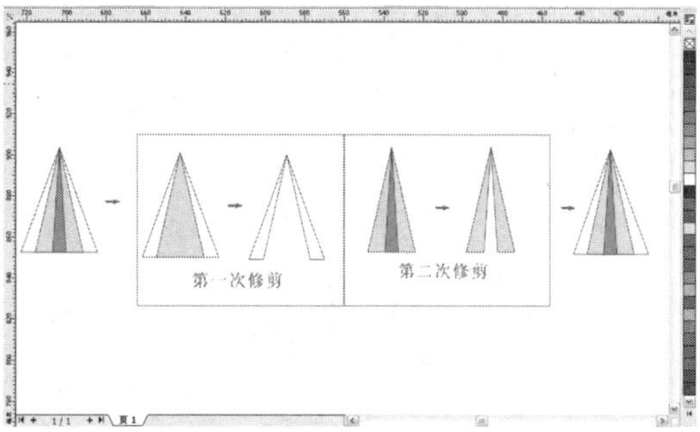

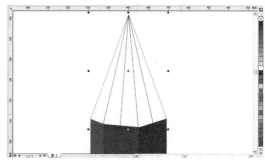

图 3-32　修剪三角形过程

（4）选择全部三角形，运用"节点形状工具"框选中间的节点删除，位置排列如图 3-33 所示。

（5）运用"节点形状工具"，框选下面的节点，运用"放大镜工具"排列对齐如图 3-34 所示。

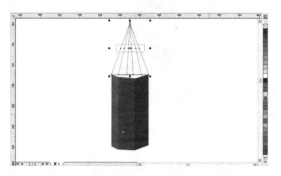

图 3-33　删除节点

图 3-34　放大视图

（6）运用"节点形状工具"选择全部节点，单击"⌒"转为曲线节点按钮，把所有直线节点转为曲线节点，然后运用"节点形状工具"调整形状如图 3-35 所示。

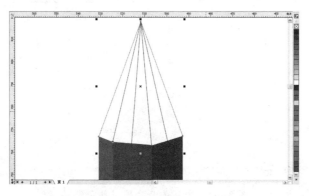

图 3-35　直线节点转为曲线节点

（7）运用"箭头工具"选择对象，单击"拆分"按钮，并填充不同颜色，如图 3-36 所示。

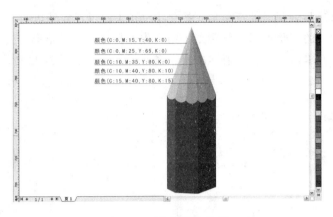

图 3-36　直线转为曲线

（8）运用"贝赛尔工具" 描绘出奶嘴的外形，如图 3-37 所示。

（9）运用"交互式渐变工具" 拖拉填充奶嘴颜色，如图 3-38 所示。

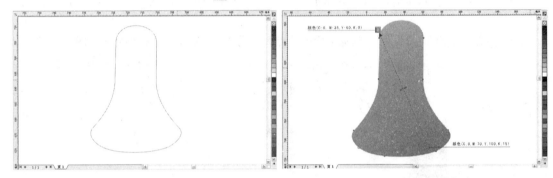

图 3-37　奶嘴的外形　　　　　　　　　　　　图 3-38　填充奶嘴颜色

　　知识要点：选择"交互式渐变工具" ，单击对象拖拉进行填充，运用"交互式渐变工具"选择开始渐变颜色，在相应的"开始颜色设置按钮"修改颜色，结束颜色运用同样方法修改，如图 3-39 所示。

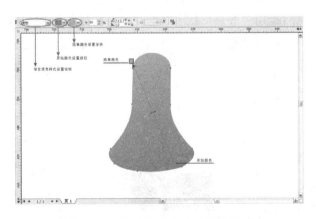

图 3-39　交互式渐变工具颜色调整

（10）运用同样的方法制作高光，颜色设置如图 3-40 所示。

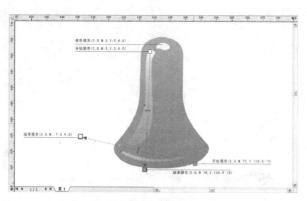

图 3-40　奶嘴效果

（11）选中全部奶嘴所有对象，按【Ctrl+G】组合键群组对象，并与铅笔组合在一起，最后输入文字，如图 3-41 所示。

图 3-41　奶嘴与铅笔合成效果

任务 6　制作文本绕图效果

1. 任务要求

能运用 CorelDRAW X6 中的文本绕图效果属性。

2. 操作步骤

（1）打开"任务 4"中制作好的文件，与"任务 5"中绘制的铅笔组合在一起，如图 3-42 所示。

图 3-42　铅笔文字组合效果

（2）运用"贝赛尔工具"沿铅笔边沿绘制铅笔外形，如图 3-43 所示。

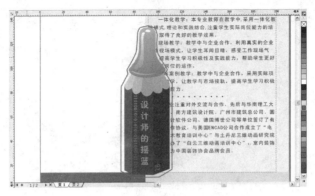

图 3-43　铅笔外形绘制

（3）选择刚绘制的图形，单击"文本绕图样式"按钮，弹出"样式"面板，如图 3-44 所示。

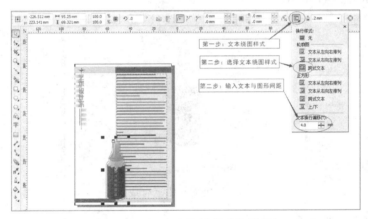

图 3-44　"文本绕图样式"设置

（4）设置完成后效果如图 3-45 所示。

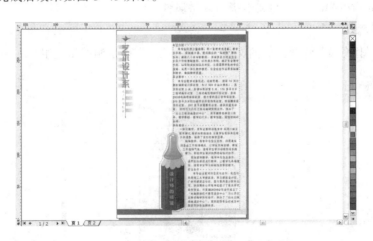

图 3-45　完成"文本绕图"效果

（5）选择段落文本，单击"文本对齐样式"按钮，弹出样式面板，如图 3-46 所示。

图 3-46　调整"文本对齐样式"

（6）设置完成后效果如图 3-47 所示。

图 3-47　文本对齐效果

（7）最后把铅笔边沿的线条改为透明色，框选页面底下的绿色与黄色矩形，按【Ctrl+PgUp】组合键将其调整到最上面，如图 3-48 所示。

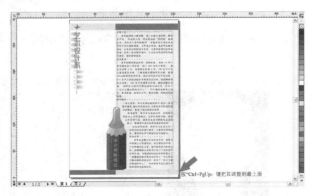

图 3-48　调整对象顺序

任务 7　制作小册第三页

1. 任务要求

能运用 CorelDRAW X6 中的制作小册第 3 页。

2. 操作步骤

（1）运用同样方法制作小册第 3 页，如图 3-49 所示。

图 3-49　小册第三页文字输入

（2）按【Ctrl+I】组合键或单击"导入"按钮 ，导入灯泡的图形，如图 3-50 所示。

图 3-50　导入灯泡图形

（3）运用"贝赛尔工具"按灯泡的边沿绘制灯泡外形，并复制出一个灯泡外形作为备用，如图 3-51 所示。

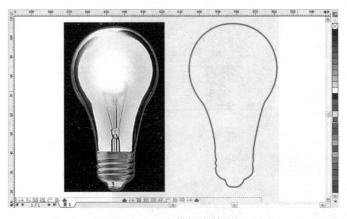

图 3-51　绘制灯泡外形

（4）用"箭头工具"选择灯泡位图，选择【效果】→【图框精确剪裁】→【置于图文框内部】命令，如图 3-52 所示。

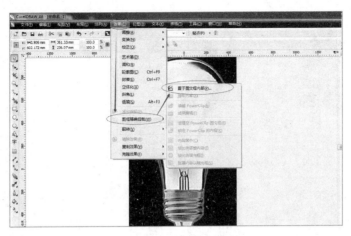

图 3-52 图框精确剪裁命令

（5）执行以上的命令后，光标将变为反箭头，用反箭头对准灯泡的边沿线单击，效果如图 3-53 所示。

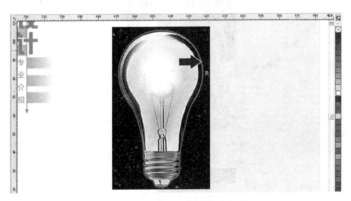

图 3-53 执行图框精确剪裁

（6）单击后完成"图框精确剪裁"，效果如图 3-54 所示。

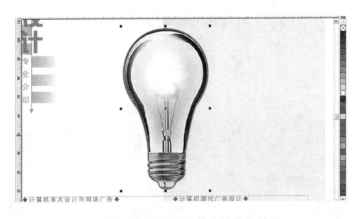

图 3-54 完成"图框精确剪裁"效果

（7）右击"放置在容器中"的图形，在弹出的菜单选择"编辑内容"命令，如图 3-55 所示。

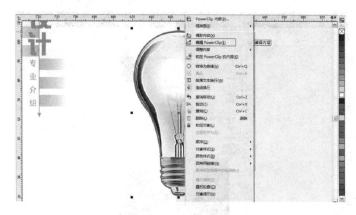

图 3-55　编辑内容

（8）选择【编辑 PowerClip】命令，将转到"PowerClip 编辑"状态下，运用"箭头工具"移动位图与外框对齐，完成后右击图片，在弹出的菜单中选择"结束编辑"命令，如图 3-56 所示。

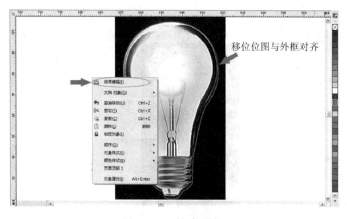

图 3-56　结束编辑

（9）完成后把边沿颜色改为透明，如图 3-57 所示。

图 3-57　"放置在容器中"效果

（10）选择刚才"步骤 3"中复制备用的灯泡外轮廓，在工具栏中"文字工具" 字 ，把光标移到灯泡外轮廓的线上，当光标将变成如图 3-58 所示时，单击。

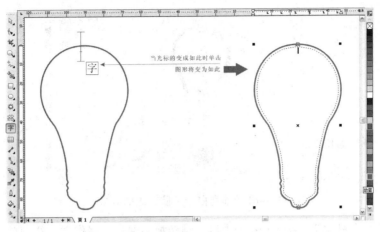

图 3-58　输入区域文本

（11）接下来输入文字，文字的大小为"6 pt"，字体设置为"Arial"，对齐方式为"两端对齐"，效果如图 3-59 所示。

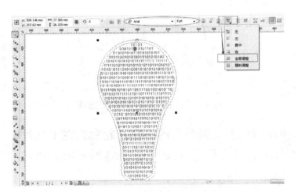

图 3-59　完成输入区域文本的效果

（12）取消边框的颜色，并移至灯泡位图上，运用"文字工具"选择文字把颜色设置为白色，如图 3-60 所示。

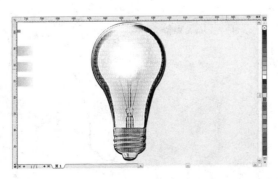

图 3-60　颜色文字设置

（13）把"白云学院标志"移至灯泡中间，并运用"椭圆形工具"绘制一个圆，填充大红色，效果如图 3-61 所示。

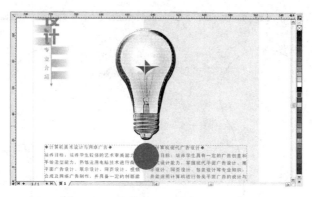

图 3-61　排列白云学院标志的效果

（14）选择灯泡里文字，按【Ctrl+Q】组合键转换为曲线，制作文本绕图效果，如图 3-62 所示。

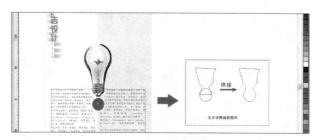

图 3-62　制作文本绕图效果

（15）选择刚才"步骤 3"中复制备用的灯泡外轮廓，在工具栏中"文字工具"　字，把光标移到灯泡外轮廓的线上，当光标将变成如图 3-63 所示时，单击沿路径输入文字。

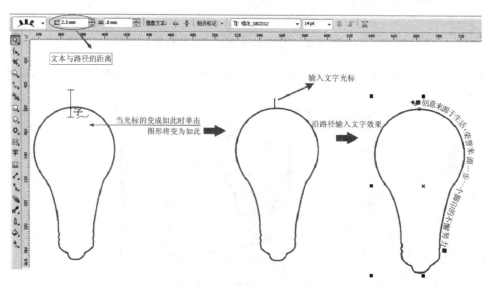

图 3-63　制作路径输入文字

（16）调整后效果如图 3-64 所示。

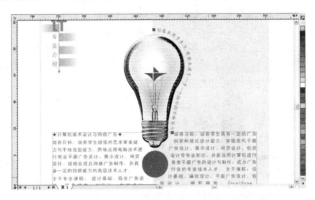

图 3-64　调整文字后效果

（17）输入专业设置的文字及制作页码，如图 3-65 所示。

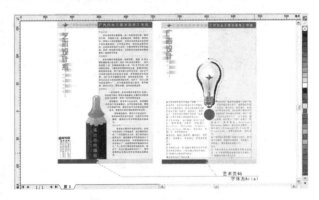

图 3-65　输入文字及页码

（18）连接两个文字框，先单击段落文本下面的连接标志，再单击拖拉出一个文字框，如图 3-66 所示。

图 3-66　连接两个文字框

（19）连接两个文字框后，当第一个文字框的文字超出文字框时，文字将自动移至第二个文字框，效果如图 3-67 所示。

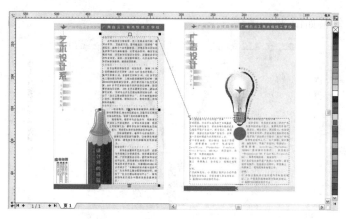

图 3-67　连接两个文字框效果

（20）创建第二个页面，如图 3-68 所示。

图 3-68　创建第二个页面

（21）创建第二个页面并把第二页移至中间，如图 3-69 所示。

图 3-69　调整第二个页面对象

项目布置

按照"项目 1"中的制作步骤，绘制上面的"DM"，要求方法正确，图形标准。

技巧小结

1. 沿路径输入文字的方法：先绘制路径，再选择"文字工具"单击路径，请注意光标的变化；

2. 输入区域文字方法：先绘制区域，再选择"文字工具"在区域边缘上单击，请注意光标的变化；

3. 文本绕图方法：选择需要围绕的图形，单击属性栏中的"文本绕图"按钮；

4. 连接两个文字框：先单击段落文本下面的连接标志，再单击拖拉出一个文字框。

同步练习

1. 把对象调整到最上面的组合键是（　　　）。

　　A.【Ctrl+PgDn】　　B.【Ctrl+PgUp】　　C.【Alt+PgUp】　　　　D.【Alt+PgDn】

2. 下面哪个是"文本绕图样式"按钮（　　　）。

　　A. 　　　　　B. 　　　　　C. 　　　　　D.

3. 下面哪个是"文本属性"按钮（　　　）。

　　A. 　　　　　B. 　　　　　C. 　　　　　D.

4. 下面哪个是"竖排文本"按钮（　　　）。

　　A. 　　　　　B. 　　　　　C. 　　　　　D.

5. 把对象转为曲线的组合键是（　　　）。

　　A.【Ctrl+A】　　　　B.【Ctrl+Q】　　　C.【Ctrl+K】　　　　D.【Ctrl+R】

6. 把直线节点转换为曲线节点的按钮是（　　　）。

　　A. 　　　　　B. 　　　　　C. 　　　　　D.

7. 把对象群组的组合键是（　　　）。

　　A.【Ctrl+G】　　　　B.【Ctrl+Q】　　　C.【Ctrl+K】　　　　D.【Ctrl+R】

拓展训练

1. 请想一想，上面的"DM"能否运用另外的方法制作，有几种？

2. 请参照上面学习方法设计下面的版式：（以下的作业从难到易，循序渐进，（1）、（2）为基础作业，（3）、（4）为提高作业）

（1）

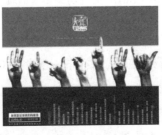
（2）

（3）

（4）

3. 设计题：用上面的题材进行一个"DM"的设计。

项目 2　室内设计标书设计

实训项目

能正确制作 EGOU 时尚男装专卖店标书，如图 3-70 所示。

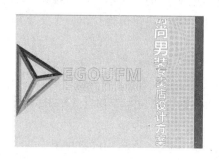

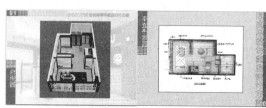

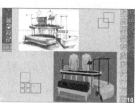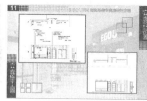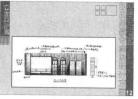

图 3-70　EGOU 时尚男装专卖店标书

项目目标

本项目通过对制作 EGOU 时尚男装专卖店标书，学会在 CorelDRAW X6 中运用"透镜、页码、主图层"的使用。

任务 1　EGOU 时尚男装专卖店标书制作分析

本案例以 EGOU 时尚男装专卖店标书为范本，本标书由封面、封底和 12P 内页组成，页面的大小为 A4 横向设置，单双页的页眉页脚不一样，如图 3-71 和图 3-72 示。

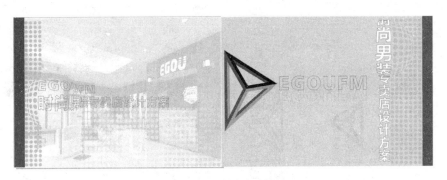

图 3-71　封底与封面

图 3-72　内页版式

任务 2　制作室内设计标书封面与封底

1．任务要求

学会运用 CorelDRAW X6 中的"将轮廓转为对象、移动复制、透镜、多边形工具、椭圆形工具、文字工具"制作室内设计标书封面。

2．操作步骤（见图 3-73）

①三维图形　　　　②英文LOGO　　　　③中文名称效果

图 3-73　标书封面操作步骤图

（1）三维图形绘制。

①　绘制步骤如图 3-74 所示。

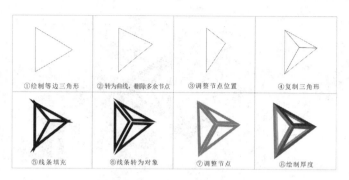

图 3-74 三维图形制作步骤

② 启动 CorelDRAW X6，单击"新建文件"按钮 或选择【文件】→【新建】命令，新建一个文件，页面大小为 A4 横向，如图 3-75 所示。

图 3-75 新建文件

③ 绘制等边三角形。选择"多边形工具" ，设置边数为"3"，按住【Ctrl】键绘制一个等边三角形，并旋转 270°，具体参数如图 3-76 所示。

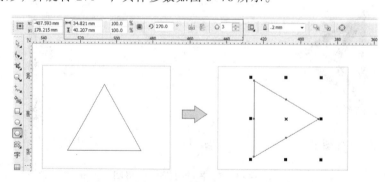

图 3-76 等边三角形

④ 把三角形转为曲线，删除多余节点。选择等边三角形，按【Ctrl+Q】组合键转为典线，单击工具栏中"节点形状工具" 分别选择三角形的中间节点（下图红色小圆中的节点）按【Delete】键删除，如图 3-77 所示。

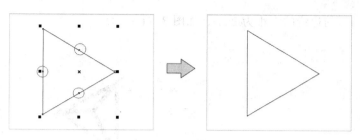

图 3-77　删除节点

⑤ 调整节点位置。运用"节点形状工具"[图] 选择三角形顶点移动节点调整三角形的形状，效果如图 3-78 所示。

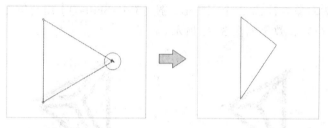

图 3-78　调整节点位置

⑥ 复制三角形。选择三角形按【Ctrl+C】组合键把三角形复制到粘贴板中，再按【Ctrl+V】组合键粘贴到原来的位，运用"节点形状工具"[图] 选择节点调整新粘贴的三角形位置，第 3 个三角形运用同样的方法完成，如图 3-79 所示。

图 3-79　运用复制与粘贴制作立体图形

操作技巧：运用"节点形状工具"移动节点时请先打开贴齐对象命令，再运用复制和粘贴命令粘贴第 2 个三角形与第一个三角形重叠，最后运用"节点形状工具"按图移动节点到合适位置，如图 3-80 所示。

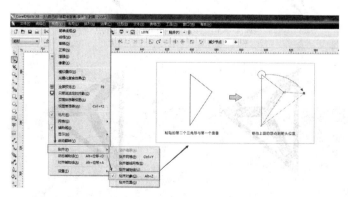

图 3-80　打开贴齐对象和移动节点的方法

⑦ 调整三角形的边线的大小为 2mm，如图 3-81 所示。

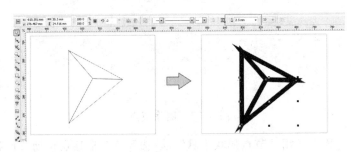

图 3-81　加粗边线效果

⑧ 将轮廓转为对象。框选 3 个三角形，按【Ctrl+Shift+Q】组合键将轮廓转为对象，并称动 3 个三角形的位置，效果如图 3-82 所示。

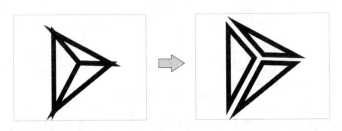

图 3-82　轮廓转为对象效果

⑨ 调整三角形的节点。打开"贴齐对象"的命令，以上面的三角形①为基础，光标在三角形②顶点位置，移动三角形②的顶点与三角形①顶点贴齐，用同样方法移动三角形③与三角形①顶点贴齐，如图 3-83 所示。运用"节点形状工具"选择三角形③右边的四个节点，光标在 A 点的位置单击移动 A 点与 B 点贴齐，用同样方法移动其他的节点，效果如图 3-84 所示。

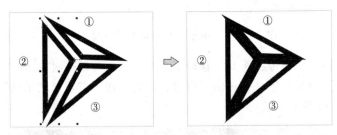

图 3-83　移动三角形贴齐顶点

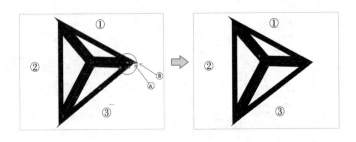

图 3-84　移动节点对齐

⑩ 绘制厚度。运用"矩形工具"绘制一个长方形，再选择【排列】→【顺序】→【到页面后面】命令排列到三角形后面，复制一个长方形，运用同样方法绘制另两个三角形的厚度，如图 3-85 所示。

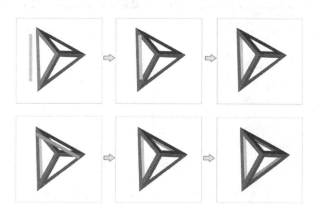

图 3-85　绘制厚度步骤

（2）英文 LOGO 文字绘制。

① 输入 EGOUFM 文字，文字的字体、大小、颜色如图 3-86 所示。

图 3-86　输入 EGOUFM 文字

② 在 EGOUFM 文字选择的状态下，右击右边桔黄色的颜色样本，让文字的轮廓填充桔黄色，单击右边透明的颜色样本，让文字填充透明颜色，如图 3-87 所示。

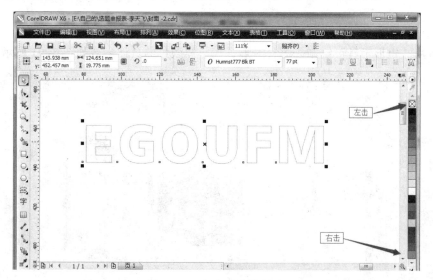

图 3-87　文字的轮廓填充

③ 镜像复制一个 EGOUFM 文字，并按【F12】键调出"轮廓笔"面板，设置轮廓大小、样式、颜色，具体参数如图 3-88 所示。

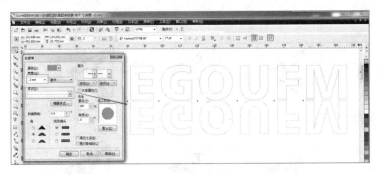

图 3-88　设置轮廓样式

④ 运用"矩形工具"，绘制 5 个长方形，填充白色，轮廓为透明，如图 3-89 所示。

图 3-89　绘制 5 个长方形

（3）中文名称效果绘制。

① 步骤示意图，如图 3-90 所示。

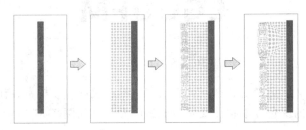

图 3-90　中文名称效果制作步骤示意图

② 运用"矩形工具"绘制一个长方形，大小和颜色的具体参数如图 3-91 所示。

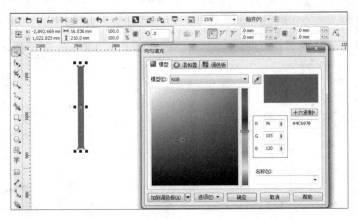

图 3-91　绘制一个长方形

③ 运用"椭圆工具"绘制一个小圆，再运用"移动复制"命令按【Ctrl+D】组合键水平复制 7 个，垂直复制 32 个，小圆大小、颜色和位置具体参数如图 3-92 所示。

图 3-92　圆形排列效果

④ 运用"文字工具"输入"时尚男装专卖店设计方案"中文名称，设置字体为"微软雅黑加粗"、大小为"48"、颜色为白色，再按【Shift+F12】组合键调出"轮廓颜色"的对话框，设置轮廓颜色为（R：102、G：153、B：255），具体参数和位置如图 3-93 所示。

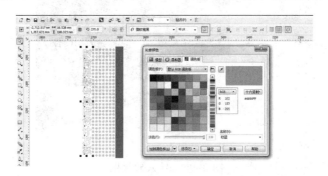

图 3-93　输入"时尚男装专卖店设计方案"中文名称

⑤ 制作透镜效果。绘制一个"80 mm×80 mm"的圆，再选择【效果】→【透镜】命令调出"透镜"面板，选择"鱼眼"效果，具体参数和位如图 3-94 所示。

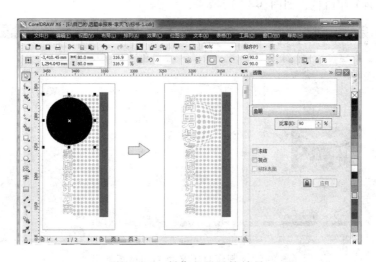

图 3-94　制作鱼眼透镜效果

（4）组合素材。运用"矩形工具"绘制一个"297 mm×210 mm"的长方形，颜色为 20% 的灰色，再把上面绘制的图形素材按要求排列，位置如图 3-95 所示。

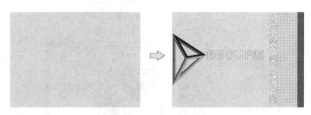

图 3-95　组合素材效果

（5）制作封底。

① 单击"导入"按钮 ![icon]，导入一张效果图，设置大小为"297 mm×210 mm"，如图 3-96 所示。

图 3-96　导入效果图

② 绘制一个大小为"297 mm×210 mm"矩形，颜色为（R：204、G：204、B：204），按【Alt+F3】组合键调出"透镜"面板，设置自定义色彩图、直接色板、颜色为（R：204、G：204、B：204）和白色，如图 3-97 所示。

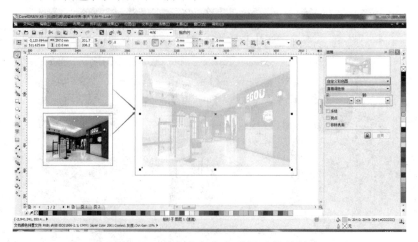

图 3-97　制作自定义色彩图透镜效果

③ 把封面中的圆点图形复制过来，调整颜色和位置，如图 3-98 所示。

图 3-98　图形排列

④ 把封面中文字复制过来，调整颜色和位置，再把封面的透镜效果的圆复制过来，排列位如图 3-99 所示。

图 3-99　封底的文字透镜效果

任务 3　内页面的设计

1. 任务要求

学会运用 CorelDRAW X6 页码设置、主图层、PowerClip 内部等命令来设计制作室内设计标书的内页。

2. 操作步骤

（1）内页版式设计

① 启动 CorelDRAW X6，单击"新建文件"按钮 或选择【文件】→【新建】命令，新建一个 12P 文件，页面大小为 A4 横向，具体参数如图 3-100 所示。

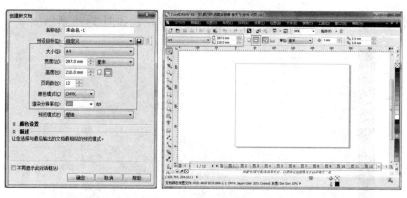

图 3-100　新建文件

② 运用封底的图形元素制作奇数页面的版式，位置排列如图 3-101 所示。

图 3-101　奇数页面的版式背景

③ 把奇数页面的版式复制到奇数页的主图层上，全选奇数页版式所有图形，按【Ctrl+G】组合键群组，选择【工具】→【对象管理器】，打开"对象管理器"面板，如图 3-102 所示。

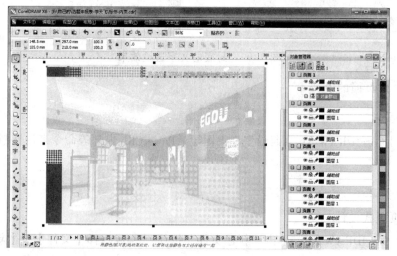

图 3-102　"对象管理器"面板

④ 单击"新建主图层（奇数页）"按钮，新建一个奇数页的主图层（图层 1），选择页面中的群组图形，按【Ctrl+X】组合键剪切图形，再单击选择奇数页的主图层（图层 1），按【Ctrl+V】组合键粘贴图形到奇数页的主图层中，如图 3-103 所示。

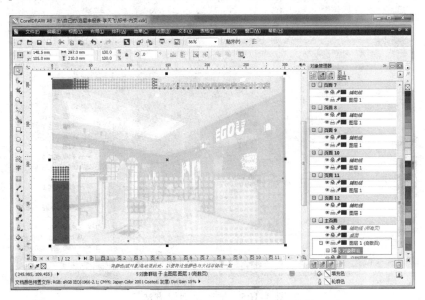

图 3-103　奇数页的主图层上图形设计

⑤ 运用封面的图形元素制作偶数页面的版式，运用同样的方法新建一个偶数页的主图层，将偶数页面的版式剪切并粘贴到偶数页的主图层上，位置排列如图 3-104 所示。

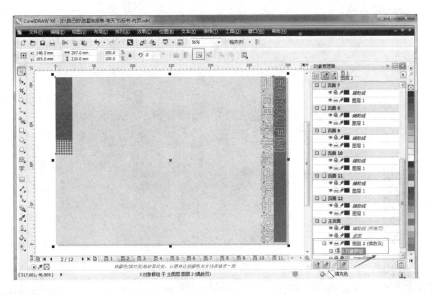

图 3-104　偶数页面的版式

（2）插入页面码

① 激活第 1 页，选择【布局】→【插入页码】→【位于所有奇数页】，如图 3-105 所示。

图 3-105　插入页面码方法

② 移动页码到左上角的合适位置，并修改字体为"ArialBlack"、大小为"24"、颜色为白色，如图 3-106 所示。

图 3-106　修改页码颜色与大小

③ 运用同样的方法，激活第 2 页，选择【布局】→【插入页码】→【位于所有偶数页】，插入偶数页的页码，如图 3-107 所示。

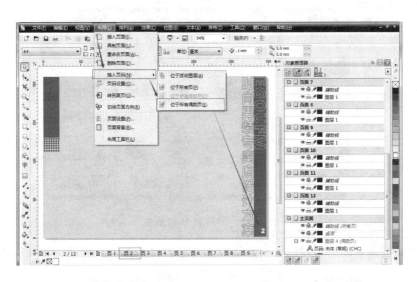

图 3-107 插入所有偶数页页码

④ 分别完成插入奇数页和偶数页的页码后，每个页面将自动生成页码，删除或增加页面时，页码也自动更新，这是 X6 的新增功能，调整个别页面码的位置，如图 3-108 所示。

图 3-108 完成插入奇数页和偶数页的页码的效果

（3）内页图文编排

① 第一页的图文编排。激活第一页，单击"导入"按钮 打开"导入"对话框，选择俯视的效果图把其导入进来，如图 3-109 所示。

图 3-109 "导入"对话框

② 调整排列俯视的效果图的大小并排列好位置，如图 3-110 所示。

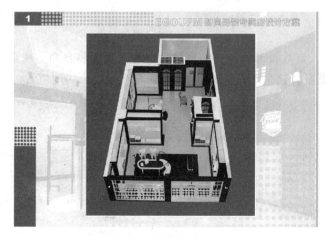

图 3-110 调整效果图位置

③ 运用"文字工具"输入"俯视图"文字，并调整字体为"方正细珊瑚繁体"、大小为"36pt"、颜色为白云，位置排列如图 3-111 所示。

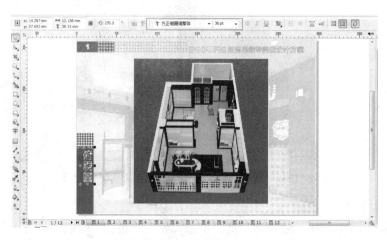

图 3-111 输入"俯视图"文字

④ 运用同样方法激活第二页，单击"导入"按钮 ![] 打开"导入"对话框，选择平面布置图把其导入进来，并输入相应的文字，位置排列如图 3-112 所示。

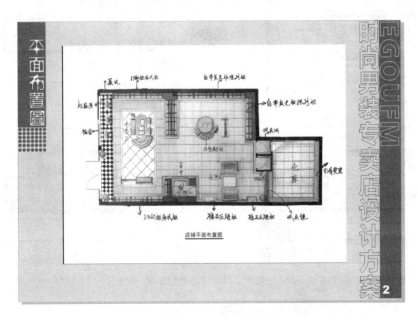

图 3-112　导入平面图

⑤ 制作 PowerClip 效果。运用"矩形工具"绘制一个长方形，大小、颜色、轮廓样式如图 3-113 所示。

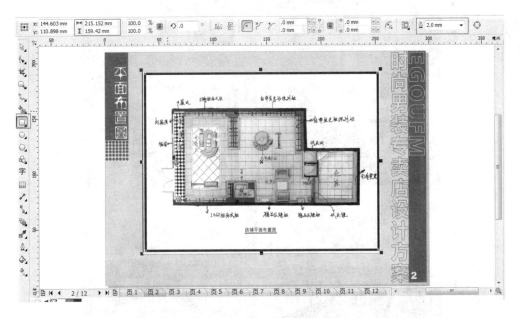

图 3-113　制作 PowerClip 效果的矩形

⑥ 选择面布置图，右击选择"PowerClip 内部"命令，光标变成反向箭头，让箭头对准长方形的轮廓单击，如图 3-114 所示。

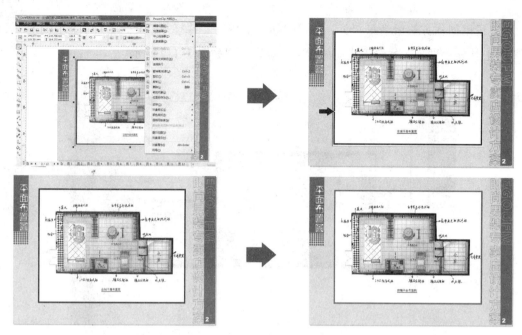

图 3-114　制作 PowerClip 效果

⑦ 运用同样方法制作其他页面，效果如图 3-115 所示。

图 3-115　其他页面效果

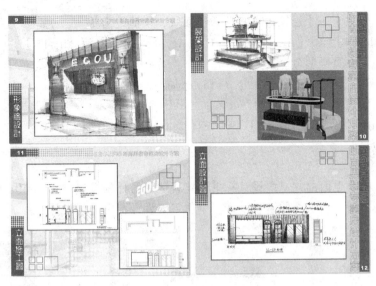

图 3-115　其他页面效果（续）

项目布置

按照"项目 2"中的制作步骤，绘制上面的"室内设计标书设计"，要求方法正确，版式编排合理。

技巧小结

1. 透镜效果制作：选择【效果】→【透镜】可打开透镜面板，应用透镜效果的对象可让其下面的对象产生变亮、颜色添加、色彩限度、自定义彩色图、鱼眼、热图、反显、放大、灰度浓淡、透明度、线框等 11 种效果。

2. 页码应用方法：选择【布局】→【插入页码】可插入相应的页码，页码可分为奇数页和偶数页来设计不同样式，删除或增加页面页码都可自动更新。

3. 主图层应用：新建主图层可运用对象管理器中新建图层按钮，主图层分为奇数页、偶数页和所有页主图层，在奇数页主图层中创建的对象，所有奇数页都能共享，在偶数页主图层中创建的对象，所有偶数页都能共享，在所有页主图层中创建的对象，每个页面都能共享。

4. "PowerClip 内部"方法：是图文精确剪裁的一种形式，可通过效果菜单或选择要剪裁的对象右击进行剪裁。

同步练习

1. 把对象群组的组合键是（　　　　）。

　　A.【Ctrl+G】　B.【Ctrl+Q】　　　C.【Ctrl+K】　　　　D.【Ctrl+R】

2. 下面哪个是"文本属性"按钮（　　　　）。

　　A. 　　　B. 　　　C. 　　　D.

3. 下面哪个是"竖排文本"按钮（　　　　）。

　　A. 　　　B. 　　　C. 　　　D.

4. 选择【效果】→【透镜】可打开透镜面版，快捷键为（　　　）。

   A.【Alt+F4】   B.【Alt +F3】   C.【Alt +F5】   D.【Alt +F6】

5. 插入偶数页页码的命令是：选择【　　　　】→【插入页码】→【位于所有偶数页】

   A. 排列   B. 视图   C. 布局   D. 编辑

6. 剪切图形快捷键为（　　　）。

   A.【Ctrl+C】   B.【Ctrl+Q】   C.【Ctrl+X】   D.【Ctrl+V】

拓展训练

1. 请想一想，上面的"室内设计标书"能否运用另外的方法制作，有几种？

2. 设计题：请运用下面的素材设计一个"室内设计标书"的设计。

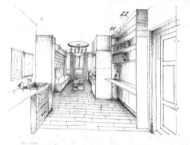 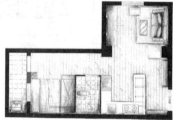 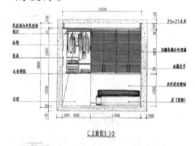

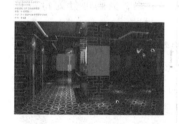 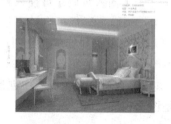 

模块 4
平面广告制作

学习目标

◎ 了解广告设计的概念及分类；

◎ 学会 CorelDraw X6 中的效果工具的使用方法；

◎ 能运用调和、立体化、透明、封套、变形、轮廓图等交互式效果工具制作设计广告作品。

什么是广告？从字面上来讲，广告就是"广而告之"的意思。

自从人类进入商品经济社会以来，广告就随着商品的交换而诞生了。商品交换最初是从摆地摊开始的，商品的主人用一张纸写上自己商品的名称、功能、功效、价格等信息，以招睐顾客，就算是一则商品广告了。

随着社会的发展和高科技手段的更新，广告的形式五花八门、数不胜数，要给"广告"定义一个准确的概念确实很困难。

根据"广告管理学"的归纳、总结和规范："广告"是由广告主通过付费取得可控制形式的非个体传播，以劝说的方式向目标市场推销产品、服务或观念的工作。

由于分类的标准不同，看待问题的角度各异，导致广告的种类很多。

最常见、最简单的分类标准，就是以传播媒介为标准对广告进行分类，主要分为：报纸广告、杂志广告、电视广告、电影广告、幻灯片广告、包装广告、广播广告、海报广告、招贴广告、POP 广告、交通广告、直邮广告等。随着新媒介的不断增加，依媒介划分的广告种类也会越来越多。

以广告传播范围为标准，可以将广告分为国际性广告、全国性广告、地方性广告、区域性广告。

以广告传播对象为标准，可以将广告分为消费者广告和商业广告。

以广告主为标准，基本上可以将广告分为一般广告和零售广告。

项目 1　设计工作室广告制作

实训项目

能正确制作出"TAN 设计"工作室宣传广告，如图 4-1 所示。

图 4-1　"TAN 设计"工作室宣传广告

项目目标

本项目通过对"TAN 设计"工作室宣传广告的制作，学会 CorelDRAW X6 中"交互式调和与立体化工具"的使用。

任务 1　设计工作室广告制作步骤分析

本案例由文字的立体化效果与调和效果组成，如图 4-2 所示。

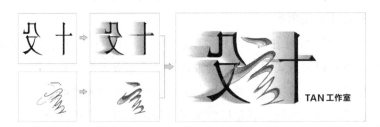

图 4-2　"TAN 设计"工作室宣传广告制作步骤分析

任务 2　制作立体化文字

1．任务要求

学会运用 CorelDRAW X6 中的"交互式立体化工具"制作广告。

2．操作步骤

（1）启动 CorelDRAW X6，单击"新建文件"按钮 或选择【文件】→【新建】命令，新建一个文件，如图 4-3 所示。

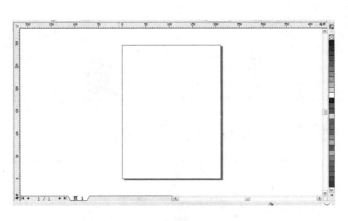

图 4-3　新建文件

（2）运用"文字工具"输入文字，字体为宋体，大小根据需要而定，如图 4-4 所示。

（3）选择文字，先按【Ctrl+K】组合键把文字打散，再分别选择每个文字按【Ctrl+Q】组合键转为曲线，如图 4-5 所示。

图 4-4　输入的文字

图 4-5　打散的文字

（4）运用"形状工具"删除多余的"言"部分，如图 4-6 所示。

（5）运用"镜像"命令左右镜像对象，再运用"节点形状工具"调整节点，效果如图 4-7 所示。

图 4-6　删除文字的"言"部分效果

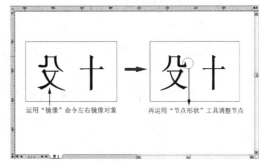

图 4-7　调整文字的节点效果

（6）打开"交互式效果工具"　　　　　　　　　　，选择"交互式立体化工具"　　，制作立体化文字，效果如图 4-8 所示。

（7）调整立体化对象的颜色渐变效果，调整立体化对象的类型为两端对齐，灭点的坐标位置，参数设置如图 4-9 所示。

图 4-8　制作文字立体化效果

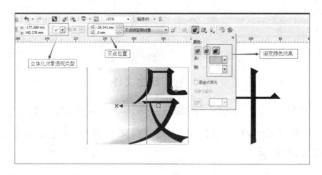

图 4-9　调整立体化"设"字颜色渐变效果

（8）运用同样方法设置"十"字的效果，如图 4-10 所示。

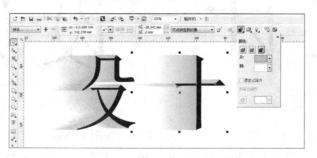

图 4-10　调整立体化"十"字颜色渐变效果

任务 3　制作调和效果

1．任务要求

学会运用 CorelDRAW X6 中"交互式调和工具"制作广告图形。

2．操作步骤

（1）运用"贝赛尔工具"绘制两条曲线，形状位置如图 4-11 所示。

图 4-11　制作调和的曲线

（2）打开"交互式效果工具" 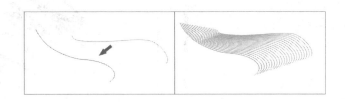，选择"交互式调和" ，单击选择第一条曲线往箭头方向拖拉，如图 4-12 所示。

图 4-12　曲线调和效果

（3）选择第一条曲线，调整大小为 0.706mm，如图 4-13 所示。

（4）选择调和后的对象，线条填充"红色"，如图 4-14 所示。

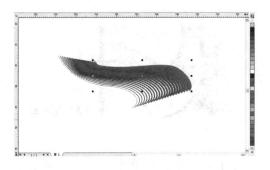

图 4-13　调整调和曲线大小

图 4-14　调整调和曲线颜色

（5）单击"属性"面板上的"颜色设置"按钮，修改调和对象的颜色，如图 4-15 所示。

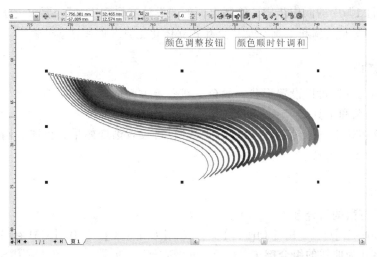

图 4-15　调整调和对象颜色调和方式

（6）运用同样的方法绘制另一组调和对象的线条，如图 4-16 所示。

（7）运用同样的方法制作调和效果，如图 4-17 所示。

图 4-16　绘制调和曲线

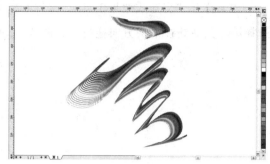

图 4-17　制作曲线调和效果

（8）与立体化对象组合在一起，如图 4-18 所示。

（9）运用"文字工具"输入"工作室名字"，文字大小与样式如图 4-19 所示。

图 4-18　立体化对象和曲线调和对象组合效果

图 4-19　输入"工作室名字"最终效果

项目布置

按照"项目 1"中的制作步骤，绘制上面的"设计工作室广告"，要求方法正确，图形标准，熟练掌握"交互式调和工具"及"交互式立体化工具"的用法。

技巧小结

"交互调和工具"可以设置形状、颜色、线条等方面的调和，位图、网格填充和表格对象不能使用交互调和工具。

"交互式立体化工具"可制作立体文字，颜色可设置渐变效果，位图、网格填充和表格对象不能使用立体化工具。

同步练习

1. 把文字打散的组合键（　　　）。

　A.【Ctrl +E】　　　B.【Ctrl +I】　　　C.【Ctrl + K】　　　D.【Ctrl +D】

2. 把文字转为曲线的组合键（　　　）。

　A.【Ctrl +Q】　　　B.【Ctrl +I】　　　C.【Ctrl + K】　　　D.【Ctrl +D】

3. 下面哪个是交互式调和工具（　　　）。

　A.　　　　　　B.　　　　　　C.　　　　　　D.

4. 下面哪个是交互式立体化工具（　　　）。

A. 　　　B. 　　　C. 　　　D.

5. 交互式立体化工具的颜色属性是哪个（　　　）。

A. 　　　B. 　　　C. 　　　D.

拓展训练

1. 请想一想，上面的广告能否运用另外的方法制作，有几种？
2. 制作题：制作下面两幅广告。

（1）

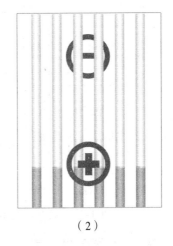

（2）

3. 设计题：用自己的名字为设计公司的名称，设计制作一个设计公司自我形象推广广告。

项目 2　白云学院第八届艺术节学生作品展招贴

实训项目

能正确制作白云学院第八届艺术节学生作品展招贴，如图 4-20 所示。

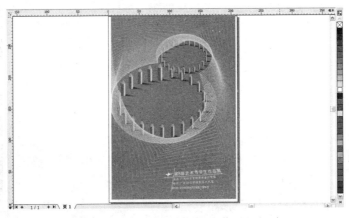

图 4-20　第八届艺术节学生作品展招贴

项目目标

本项目通过对白云学院第八届艺术节学生作品展招贴的制作，学会在 CorelDRAW X6 中运用"沿路径调和、交互式透明、交互式封套工具"的使用。

任务1　第八届艺术节学生作品展招贴制作分析

本案例是以"8"字为设计元素，运用沿路径调和的方法将铅笔组成一个"8"字，突出第八届艺术节的特点，如图 4-21 所示。

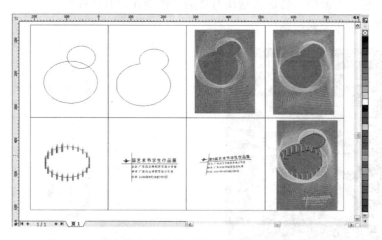

图 4-21　第八届艺术节学生作品展招贴制作步骤分析

任务2　制作彩色线条"8"字

1. 任务要求

学会运用 CorelDRAW X6 中的"交互式调和工具"。

2. 操作步骤

（1）启动 CorelDRAW X6，单击"新建文件"按钮 或选择【文件】→【新建】命令，新建一个文件，如图 4-22 所示。

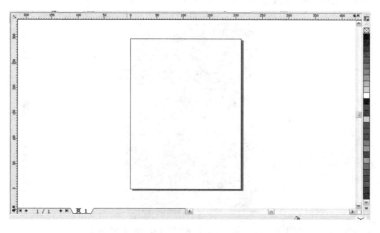

图 4-22　新建文件的页面

（2）运用"椭圆形工具"绘制两个圆，组成"8"字，如图 4-23 所示。

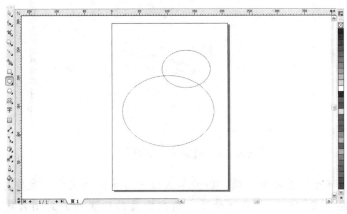

图 4-23　绘制"8"字

（3）运用"焊接、修剪"命令制作"8"字曲线，如图 4-24 所示。

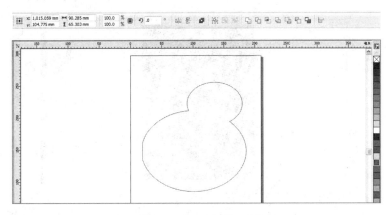

图 4-24　"8"字曲线

（4）运用"矩形工具"绘制一个矩形，效果如图 4-25 所示。

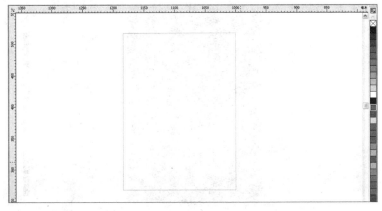

图 4-25　矩形

（5）运用"形状工具"增加节点，节点的具体位置如图 4-26 所示。

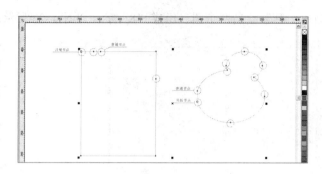

图 4-26　增加节点的具体位置

　　知识要点：节点位置要求准确，因为节点位置与多少的变化，直接影响到调和对象的最后效果，如果要改变"开始节点"位置，请在需要的位置断开封闭曲线，然后再结合在一起。

　　（6）设置完成节点的位置后排列位置如图 4-27 所示。

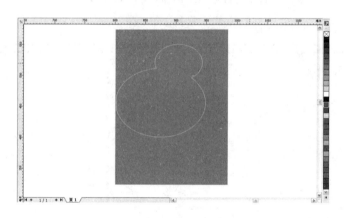

图 4-27　排列"8"字曲线位置

　　（7）选择"交互式调和工具"选项，单击拖拉进行调和，如图 4-28 所示。

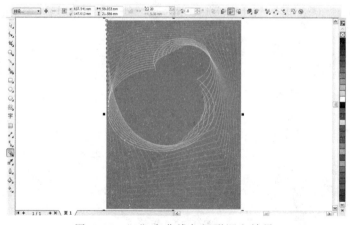

图 4-28　"8"字曲线与矩形调和效果

　　（8）调整调和对象的步长为"30"，颜色设置为"顺时针"，效果如图 4-29 所示。

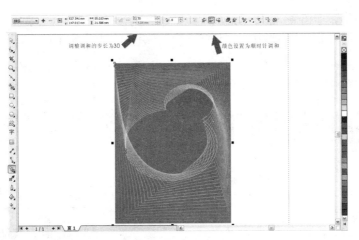

图 4-29　调整调和对象的步长和颜色效果

任务 3　制作铅笔沿路径排列效果

1. 任务要求

学会运用 CorelDRAW X6 中的"沿路径调和工具"制作广告图形。

2. 操作步骤

（1）按如图 4-30 所示制作铅笔。

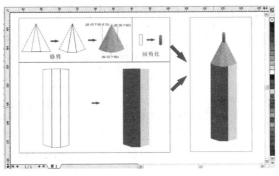

图 4-30　制作铅笔步骤

（2）复制出两个铅笔，排列如图 4-31 所示。

图 4-31　复制两个调和的铅笔

（3）选择"交互式调和工具"命令，单击第一个铅笔拖拉到第二个铅笔，再松开左键，制作出调和的图形，如图 4-32 所示。

（4）绘制一个圆形，大小形状与"任务 2 中" 绘制的"8"字下圆一致，如图 4-33 所示。

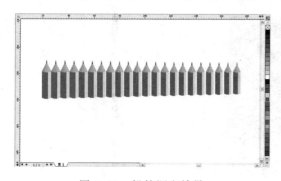

图 4-32　铅笔调和效果

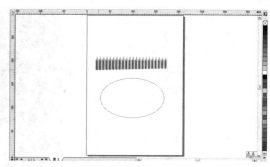

图 4-33　绘制调和路径

（5）选择调和图形，在"属性"面板中单击"路径"按钮 ，选择"新路径"，如图 4-34 所示。

（6）当光标将成为"✐"这样图标时，单击圆形边沿，调和图形将移到圆形上，如图 4-35 所示。

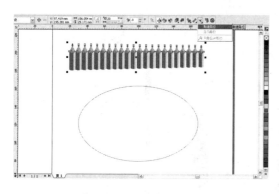

图 4-34　选择"新路径"

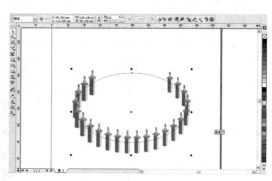

图 4-35　路径调和效果

（7）保持调和图形为选择状态，单击按钮 ，在弹出的菜单中选择"沿路径全部调和"，效果如图 4-36 所示。

（8）选择最后一个铅笔，缩小如图 4-37 所示。

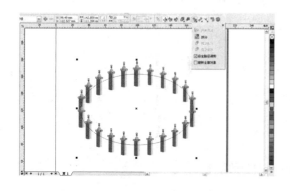

图 4-36　"沿路径全部调和"效果

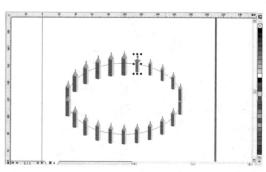

图 4-37　缩小调和铅笔效果

（9）再复制调对象，缩小并调整为如图 4-38 所示。（为了调整调和对象的起点到合适位置，可按图所示断开路径。）

（10）两个圆组合后的效果，如图 4-39 所示。

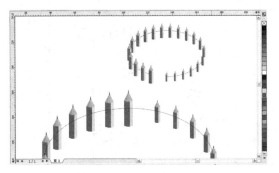

图 4-38　复制调对象

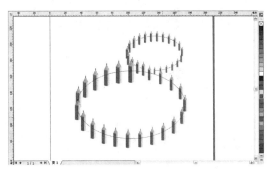

图 4-39　组合两个圆

（11）框选两个调和图形，按【Ctrl+K】组合键拆分对象，删除线条并调整铅笔的前后关系后群组所有铅笔，如图 4-40 所示。

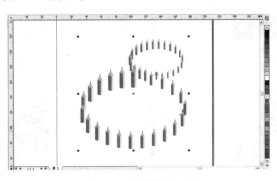

图 4-40　拆分调和对象

任务 4　制作铅笔的透明投影

1．任务要求

学会运用 CorelDRAW X6 中的"交互式透明工具"制作对象投影。

2．操作步骤

（1）运用"贝赛尔工具"绘制投影的外轮廓并填充黑色，效果如图 4-41 所示。

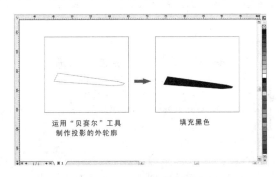

运用"贝赛尔"工具　　　填充黑色
制作投影的外轮廓

图 4-41　绘制投影外形

（2）单击"交互式效果工具"按钮 ![tool icons]，选择"交互式透明工具"选项 ![icon]，单击选择并拖拉出透明度，如图 4-42 所示。

（3）把刚制作好的图形放在每个铅笔的下面当投影，并与铅笔群组在一起，如图 4-43 所示。

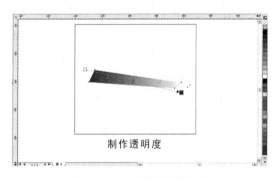

图 4-42　绘制投影透明度

图 4-43　排列投影位置

（4）把刚群组的铅笔移到曲线上，效果如图 4-44 所示。

（5）选择白色线条，按【Ctrl+PgUp】组合键调到最上层，效果如图 4-45 所示。

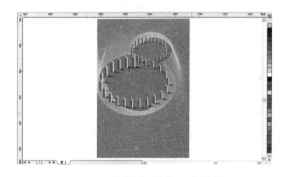
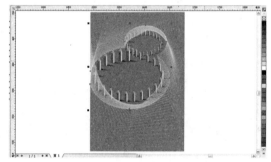

图 4-44　铅笔与曲线组合效果

图 4-45　调整白色线条到最上层的效果

任务 5　制作透视文字

1. 任务要求

学会运用 CorelDRAW X6 中的"交互式变形工具"制作透视文字。

2. 操作步骤

（1）运用"文字工具"输入说明文字，并导入白云学院标志，排列效果如图 4-46 所示。

图 4-46　输入说明文字和导入标志效果

（2）运用"手绘工具"绘制线条，并设置线条的箭头属性，排列效果如图 4-47 所示。

（3）框选上面的图形，按【Ctrl+G】组合群组，单击"交互式效果工具"按钮 ，选择"交互式封套工具"选项 ，如图 4-48 所示。

图 4-47　绘制线条

图 4-48　使用交互式封套工具

（4）选择封套上的中间节点，删除，如图 4-49 所示。

（5）选择封套上的 4 个角节点，单击属性栏的"转为直线节点"按钮，如图 4-50 所示。

图 4-49　删除封套上的中间节点

图 4-50　封套的节点"转为直线节点"

（6）调整封套上 4 个角的节点，效果如图 4-51 所示。

（7）把刚调整好的封套文字移至底图上，修改颜色为白色，排列效果如图 4-52 所示。

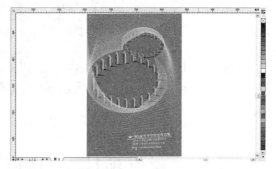

图 4-51　调整封套节点效果

图 4-52　最终完成效果

项目布置

按照"项目 2"中的制作步骤，绘制上面的"广告招贴"，要求方法正确，图形标准。

📑技巧小结

　　1. 制作沿路径调和的对象，要先绘制好路径，线条调和的效果与节点的多少、节点的顺序有关，通过调整节点来修改调和的对象形状。

　　2. 交互变形对象可运用"节点形状工具"来调整变形节点修改变形的效果。

🎨同步练习

　　1. 设置调整调和对象的步长为按钮是（　　　　）。

　　　　A. 　　　　B. 　　　　C. 　　　　D.

　　2. 交互式调和工具中"路径按钮"是（　　　　）。

　　　　A. 　　　　B. 　　　　C. 　　　　D.

　　3. 打散交互式调和对象的组合键（　　　　）。

　　　　A.【Ctrl +E】　　　　B.【Ctrl +I】　　　　C.【Ctrl + K】　　　　D.【Ctrl +D】

　　4. 把对象调到最上层的组合键（　　　　）。

　　　　A.【Ctrl + PgUp】　B.【Alt+ PgUp】　C.【Alt+ PgDn】　D.【Ctrl + PgDn】

　　5. 下面哪个是交互式透明工具（　　　　）。

　　　　A. 　　　　B. 　　　　C. 　　　　D.

　　6. 下面哪个是交互式封套工具（　　　　）。

　　　　A. 　　　　B. 　　　　C. 　　　　D.

📖拓展训练

　　1. 请想一想，上面的广告招贴能否运用另外的方法制作，有几种？

　　2. 制作下列的广告招贴。

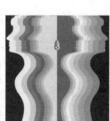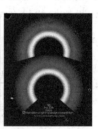

　　3. 设计题：以上面的内容为主题，设计一个广告招贴。

项目 3　围棋比赛招贴广告

📓实训项目

　　能正确制作出"围棋比赛招贴广告"，如图 4-53 所示。

图 4-53　围棋比赛招贴广告

项目目标

本项目通过对"围棋比赛招贴"广告制作，学会在 CorelDraw X6 中运用"网格填充、交互式轮廓图、交互式变形、交互式阴影等工具"的使用。

任务 1　围棋比赛招贴广告制作步骤分析

本案例以围棋、棋盘为设计元素，突出棋高一筹的意念，如图 4-54 所示。

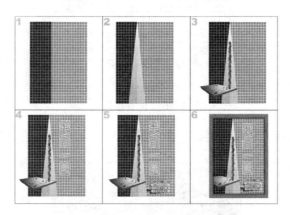

图 4-54　围棋比赛招贴广告制作步骤分析

任务 2　制作棋盘式底纹

1. 任务要求

学会运用 CorelDRAW X6 中的"图纸工具"的制作棋盘。

2. 操作步骤

（1）启动 CorelDRAW X6，单击"新建文件"按钮 或选择【文件】→【新建】命令，新建一个文件，如图 4-55 所示。

平面设计经典案例教程——CorelDRAW X6

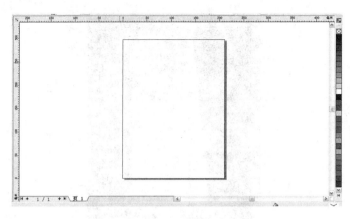

图 4-55　新建文件

（2）选择"图纸工具"，在属性栏中设置行列数为 30×30，按住【Ctrl】键不放，单击拖拉绘制一个 30×30 的正方形网格，如图 4-56 所示。

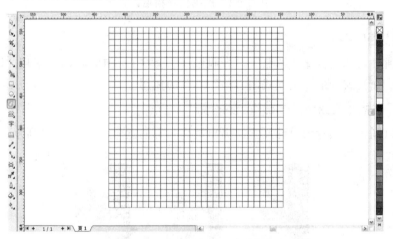

图 4-56　正方形网格

（3）按【Ctrl+U】组合键取消群组，并如图 4-57 所示填充颜色。

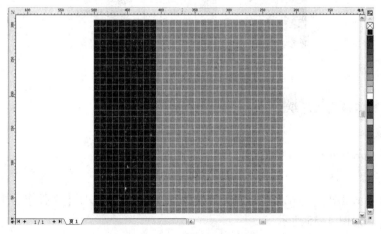

图 4-57　填充正方形网格颜色

（4）删除多余的部分，效果如图 4-58 所示。

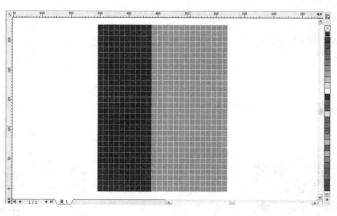

图 4-58　删除网格

任务 3　制作透明光线

1. 任务要求

学会运用 CorelDRAW X6 中的"交互式透明工具"制作透明光线。

2. 操作步骤

（1）运用"多边形工具"绘制一个三角形，填充黄色，效果如图 4-59 所示。

（2）运用"交互式渐变填充工具"，填充一个由白色到黄色渐变，效果如图 4-60 所示。

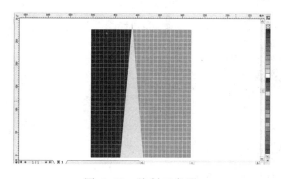

图 4-59　绘制三角形

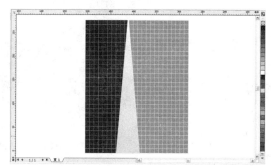

图 4-60　绘制黄色渐变三角形

（3）运用"交互式透明工具"，拖拉制作透明效果如图 4-61 所示。

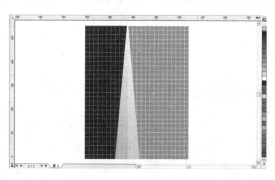

图 4-61　三角形透明效果

任务4　制作立体棋盘效果

1. 任务要求

学会运用 CorelDRAW X6 中的"添加透视点"命令制作立体棋盘。

2. 操作步骤

（1）运用"图纸工具"制作棋盘效果，如图 4-62 所示。

（2）框选项对象并群组，选择【效果】→【添加透视点】命令，如图 4-63 所示。

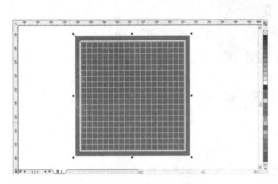

图 4-62　平面的棋盘效果　　　　　　　　　图 4-63　添加透视点方法

（3）选择 4 个角的节点并拖拉调整，最终调整出棋盘透视效果如图 4-64 所示。

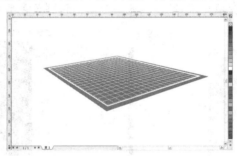

图 4-64　棋盘透视效果

（4）运用"贝赛尔工具"绘制棋盘的厚度如图 4-65 所示。

（5）绘制一个与棋盘一样大小图形并填充黑色，运用"交互式透明工具"制作透明渐变的效果，放置在棋盘上，增加棋盘的光影效果，如图 4-66 所示。

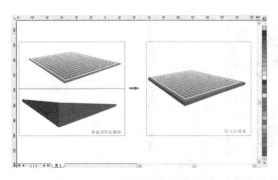 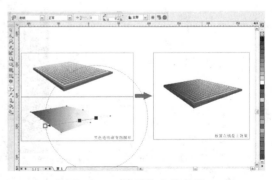

图 4-65　棋盘的厚度效果　　　　　　　　　图 4-66　棋盘的光影效果

任务 5 制作围棋

1. 任务要求

学会运用 CorelDRAW X6 中的“交互式网格填充”工具制作围棋。

2. 操作步骤

（1）运用“椭圆工具”绘制一个椭圆，如图 4-67 所示。

（2）按【Ctrl+Q】组合键把图形转为曲线，运用“节点工具”调整形状，如图 4-68 所示。

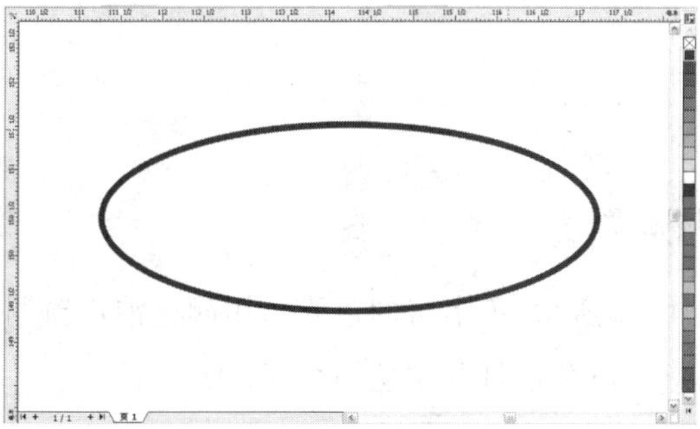

图 4-67 椭圆

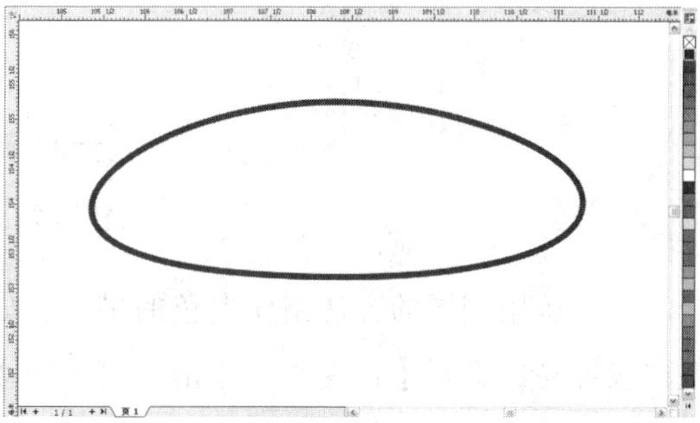

图 4-68 围棋外形

（3）单击“交互式网格填充工具”，运用本工具调整网格线并填充颜色，如图 4-69 所示。（网格线的调整方法与曲线的调整方法一样）

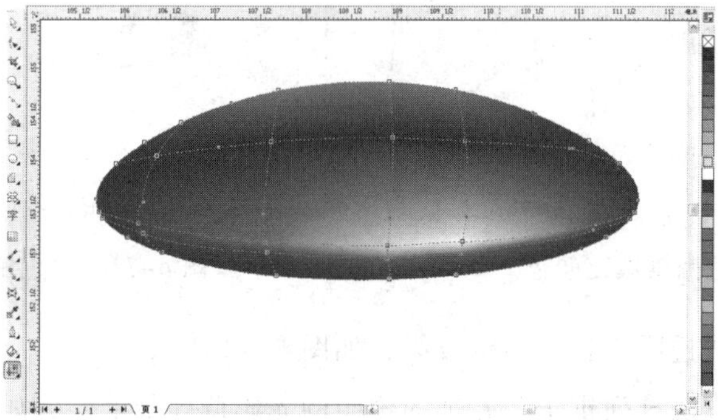

图 4-69 填充围棋颜色

（4）最后调整效果如图 4-70 所示。

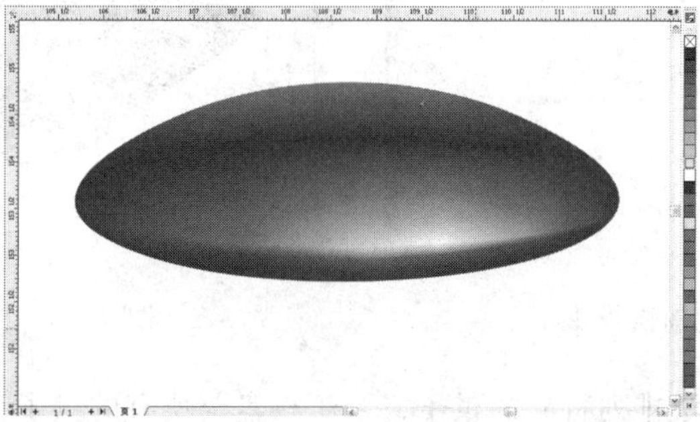

图 4-70 围棋最后效果

（5）运用"交互式透明工具"围棋投影，如图 4-71 所示。

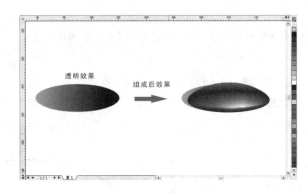

图 4-71　围棋投影

（6）运用相同的方法制作白色的棋子，如图 4-72 所示。（丰富的色彩运用颜色泊坞窗调整比较容易，选择【口窗】→【泊坞窗】→【色彩】命令可打开颜色泊坞窗。）

（7）最后调整效果如图 4-73 所示。

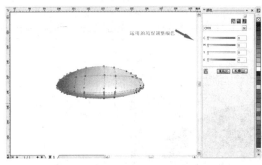

图 4-72　白色围棋填充颜色

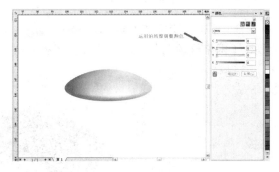

图 4-73　白色围棋最后效果

（8）运用"交互式透明工具"围棋投影，如图 4-74 所示。

（9）运用复制的方法排列棋子，并把的透明的光影调到最上层，如图 4-75 所示。

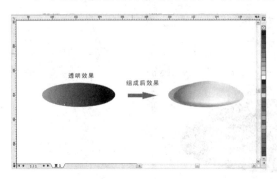

图 4-74　白色围棋投影

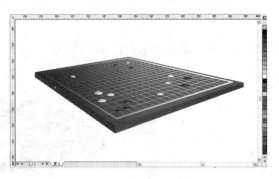

图 4-75　围棋排列效果

（10）运用复制的方法排列特异的棋子，群组棋盘与所有的棋子，并与底图组合在一起，如图 4-76 所示。

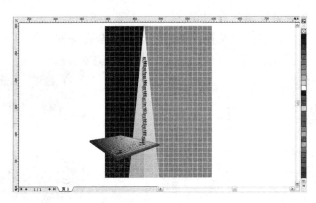

图 4-76　特异的棋子

任务 6　文字效果的制作

1. 任务要求

学会运用 CorelDRAW X6 中的"交互式轮廓图工具"制作文字效果。

2. 操作步骤

（1）运用"文字工具"输入"广告语文字"，字体这广告体并填充大红色，如图 4-77 所示。

（2）单击"交互式效果工具"按钮 ，选择"交互式轮廓图工具"选项 ，单击文字往外拖拉，如图 4-78 所示。

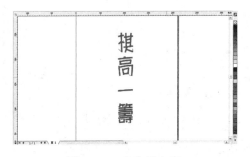

图 4-77　广告语文字

图 4-78　广告语文字轮廓图效果

（3）设置"交互式轮廓图"的属性，如图 4-79 所示。

（4）右击"轮廓图"，在弹出的菜单中选择"拆分轮廓图群组"或按【Ctrl+K】组合键盘，如图 4-80 所示。

图 4-79　调整轮廓图效果

图 4-80　拆分轮廓图

（5）选择中间的文字填充颜色为 100%黄色，如图 4-81 所示。

（6）制作主题文字，绘制圆形及输入文字，然后组合在一起，如图 4-82 所示。

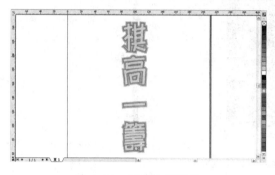

图 4-81　填充文字颜色

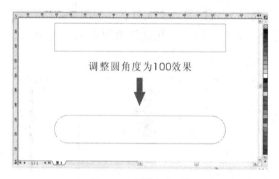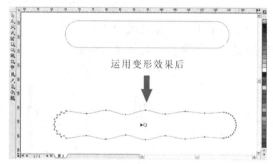

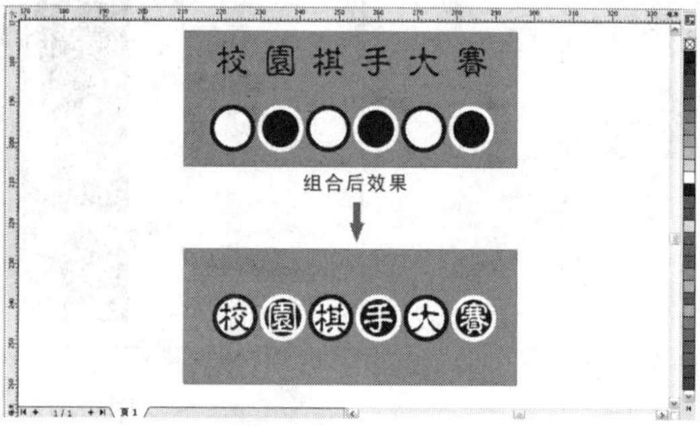

图 4-82　主题文字效果

（7）制作圆角矩形，如图 4-83 所示。

（8）单击"交互式效果工具"按钮 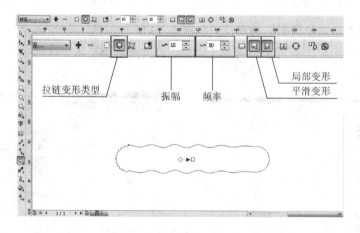，选择"交互式变形工具"选项 ，单击文字往外拖拉，如图 4-84 所示。

图 4-83　圆角矩形

图 4-84　圆角矩形变形效果

（9）"交互式变形工具"属性设置，如图 4-85 所示。

图 4-85　设置变形属性

（10）单击"交互式效果工具"按钮 ，选择"交互式投影工具"选项 ，单击变形的方形，拖拉出投影，投影的属性参数设置如图 4-86 所示。

（11）复制出 3 个投影，如图 4-87 所示。

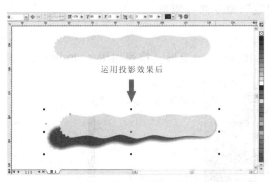
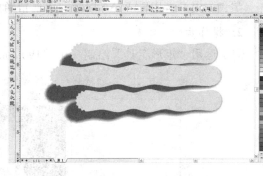

图 4-86　投影效果　　　　　　　　图 4-87　复制 3 个投影效果

（12）运用美术文本，输入说明文字，如图 4-88 所示。

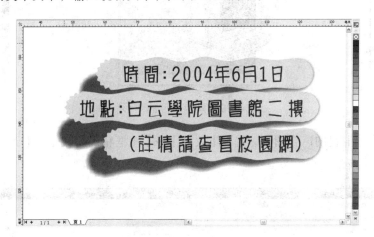

图 4-88　说明文字

（13）把所有的对象群组在一起，位置排列如图 4-89 所示。

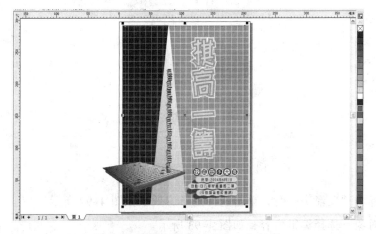

图 4-89　组合所有对象在一起效果

任务 7　制作边框

1. 任务要求

学会运用 CorelDRAW X6 中的"图框精确剪裁"命令修剪图形。

2. 操作步骤

（1）运用"矩形工具"绘制一个"190 mm × 270 mm"的矩形，排列如图 4-90 所示。

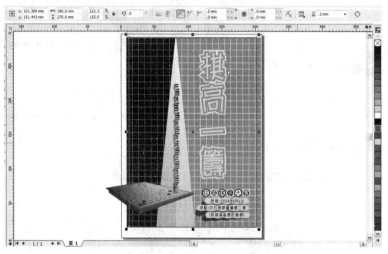

图 4-90　修剪图形的矩形

（2）选择刚才群组的广告图形，选择【效果】→【图框精确剪裁】→【置于图文框内部】命令，如图 4-91 所示。

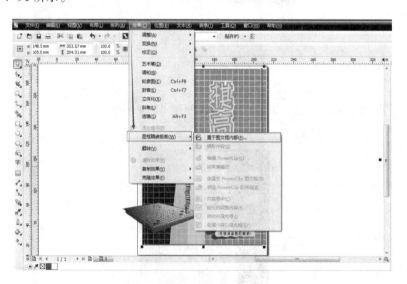

图 4-91　图框精确剪裁命令

（3）当光标为"反箭头"时，单击选择矩形，效果如图 4-92 所示。

（4）右击对象，选择编辑内容，如图 4-93 所示。

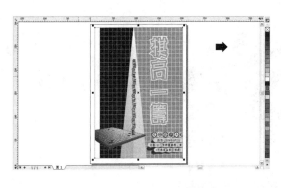

图 4-92　光标为"反箭头"

图 4-93　编辑内容

（5）移动内容与外框对齐，完成后单击"结束编辑"按钮，如图 4-94 所示。

（6）调整后效果如图 4-95 所示。

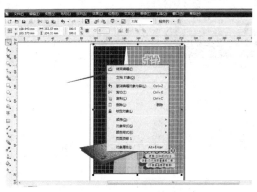

图 4-94　结束编辑

图 4-95　调整后效果

（7）运用"矩形工具"制作外框，如图 4-96 所示。

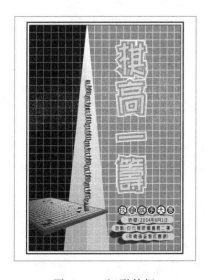

图 4-96　矩形外框

（8）最后完成的作品如图 4-97 所示。

图 4-97　完成的作品最后效果

项目布置

按照"项目 3"中的制作步骤，绘制上面的"广告招贴"，要求方法正确，图形标准。

技巧小结

1. 运用"交互式渐变填充工具"，可运用拖拉的方式增加渐变的颜色。
2. "交互式网格填充工具"制作可根据需要双击增加填充颜色的节点。

同步练习

1. 取消群组的组合键（　　　）。

　A.【Ctrl + U】　　　B.【Ctrl +I】　　　C.【Ctrl + K】　　　D.【Ctrl +D】

2. 下面哪个是交互式透明工具（　　　）。

　A.　　　　　　B.　　　　　　C.　　　　　　D.

3. 下面哪个是交互式轮廓图工具（　　　）。

　A.　　　　　　B.　　　　　　C.　　　　　　D.

4. 下面哪个是交互式投影工具（　　　）。

　A.　　　　　　B.　　　　　　C.　　　　　　D.

5. 下面哪个是交互式变形工具（　　　）。

　A.　　　　　　B.　　　　　　C.　　　　　　D.

拓展训练

1. 请想一想，下面的广告招贴是如何制作的，试一试？（以上的作业从难到易，循序渐进，（1）、（2）题为基础作业，（3）题为提高作业）

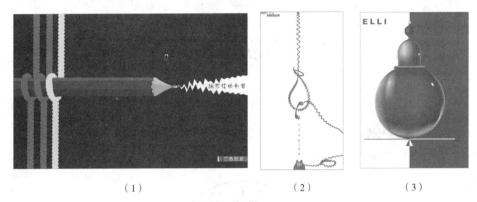

（1）　　　　　　　　　　（2）　　　　　　　　　　（3）

2. 设计题：上面内容为主题设计一个广告招贴。

项目 4　"时尚广告"的制作

实训项目

能正确制作出"时尚广告"，如图 4-98 所示。

图 4-98　时尚广告

项目目标

本项目通过对"时尚广告"制作，学会在 CorelDRAW X6 中运用"调和工具、立体化工具、交互式填充工具、交互式透明工具"的综合运用。

任务 1　"时尚广告"制作步骤分析

"时尚广告"制作步骤分析，如图 4-99 所示。

图 4-99 "时尚广告"制作步骤分析

任务2 绘制 LOGO

绘制 LOGO，效果如图 4-100 所示。

图 4-100 LOGO 效果图

（1）单击"贝塞尔工具"按钮 ，画出一条曲线，如图 4-101 所示。

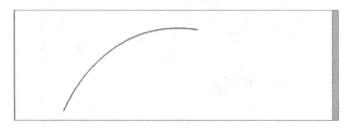

图 4-101 曲线

（2）单击"椭圆工具"按钮 ，按住【Ctrl+Shift】组合键，画出一个正圆，如图 4-102 所示。

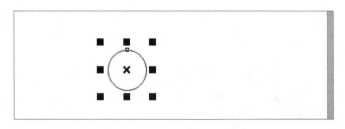

图 4-102 正圆

（3）按住鼠标左键+【Shift】键，同时右击，复制得到一个水平方向的正圆，如图 4-103 所示。

（4）单击"挑选工具"按钮 ，再按住【Shift】键，拖动对角等比例将圆形进行缩放，如图 4-104 所示。

图 4-103　复制正圆　　　　　　　　　　　　图 4-104　缩小正圆

（5）单击"交互式调和工具"按钮 ，按住鼠标左键从大圆拖动到小圆，改变【属性栏】步长值为 7（ ），如图 4-105 所示。

（6）向左调整圆形中的蓝色符号，使圆形的位置重新排列，如图 4-106 所示。

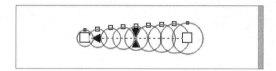

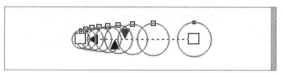

图 4-105　圆的调和效果　　　　　　　　　　图 4-106　调整调和间距

（7）选择属性栏中的"新路径" 命令，应用到之前画出的曲线上，并拖动鼠标调整头、尾两个圆的位置，如图 4-107 所示。

（8）选中调和的部分，右击【快捷菜单】→【打散路径群组上的混合】（快捷键为【Ctrl+K】），并【取消群组】（快捷键为【Ctrl+U】），如图 4-108 所示。

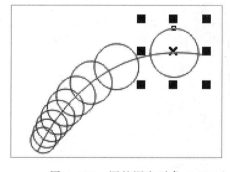

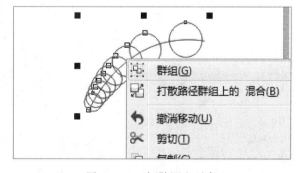

图 4-107　调整调和对象　　　　　　　　　　图 4-108　打散调和对象

（9）单击【菜单栏】，选择【排列】→【造形】命令，如图 4-109 所示。

（10）选择【造形】→【修剪】命令，将圆形依次进行【修剪】，得到修剪后的图形，如图 4-110 所示。

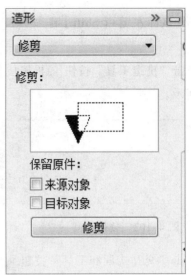

图 4-109　造形对话框

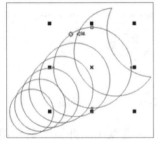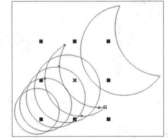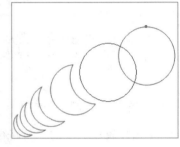

图 4-110　修剪圆形

（11）单击"贝塞尔工具"按钮 ，画出一条曲线，选择属性栏中的"轮廓笔工具"，改变参数为： .75 mm ▼，如图 4-111 所示。

图 4-111　曲线

（12）单击"贝塞尔工具"按钮 ，画出一条短线，单击"交互式调和工具"按钮 ，调整属性栏的步长值为"6"（ 6 ），再单击属性栏中的"新路径"按钮 ，应用到之前所画的曲线，如图 4-112 所示。

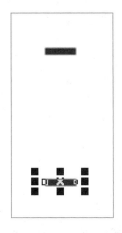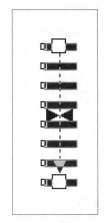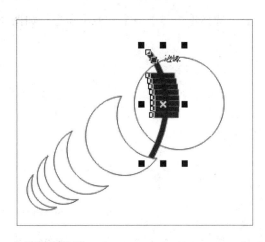

图 4-112　曲线调和效果

（13）单击"挑选工具"按钮 ，调整短线之间的距离，右击"快捷菜单"中的"打散路径"，然后"取消群组"，再选择菜单栏中【排列】→【将轮廓转换为对象】命令，如图 4-113 所示。

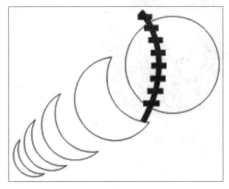

图 4-113　将轮廓转换为对象

（14）复制短线条，单击属性栏中的"水平镜像"按钮 ，如图 4-114 所示。

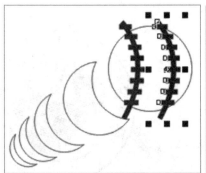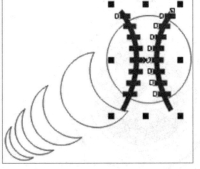

图 4-114　水平镜像复制

（15）选择【造形】→【修剪】命令，如图 4-115 所示。

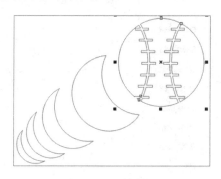

图 4-115　修剪圆

（16）按住【Shift+Ctrl】组合键，画出一个圆，并填充蓝色（■），如图 4-116 所示。

（17）按住【Shift+Ctrl】+右键，复制出一个同心圆，改变边框色并且调整【轮廓笔】的粗细为 "2.5mm"（△ 2.5 mm ▼），按住【Shift+Pagedown】组合键调整圆的前后顺序，得到下图，如图 4-117 所示。

图 4-116　圆填充蓝色

图 4-117　复制圆

（18）单击工具箱中的 "文字工具" 按钮 字，输入英文，调整字体大小为 "48pt"，选择【挑选工具】，右键拖动英文到内圆边框处，松开鼠标右键，选择【快捷菜单】中的【使文本适合路径】，如图 4-118 所示。

（19）选择 "贝塞尔工具" 画出曲线，选择【造形】→【修剪】命令，调整圆形位置，得到最终效果图，如图 4-119 所示。

图 4-118　输入英文效果

图 4-119　文本适合路径的最终效果图

任务 3　绘制卡通人物

卡通人物效果如图 4-120 所示。

（1）单击"新建"按钮 并按【Ctrl+N】组合键，选择"贝塞尔工具"选项 ，完成发型的大部分，并填充黑色，如图 4-121 所示。

（2）选择"贝塞尔工具"选项 ，完成脸型。用"形状工具" 调整曲线，如图 4-122 所示。

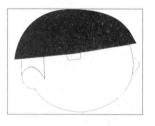

图 4-120　绘制卡通人物　　　　图 4-121　发型　　　　　　图 4-122　脸型

（3）单击"形状工具"按钮 后，选择属性栏中的"使节点成为尖突命令" ，进一步调整曲线的方向，如图 4-123 所示。

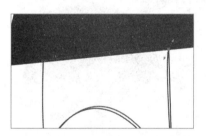
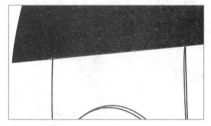

图 4-123　调整曲线的方向

（4）调整好所有的曲线形状之后，单击颜色块，填充好肤色，如图 4-124 所示。

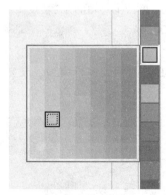
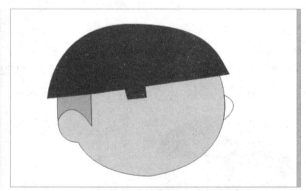

图 4-124　填充好肤色

（5）单击"椭圆工具"按钮 ，画出左眼，并改变"轮廓笔工具"的参数为"1.5 mm"（ 1.5 mm ），如图 4-125 所示。

（6）将画出的左眼进行群组 快捷键为【Ctrl+G】组合键，按住鼠标左键+【Shift】键，平行方向复制出有眼，如图 4-126 所示。

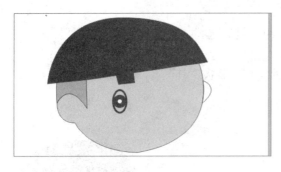

图 4-125　左眼

图 4-126　复制右眼

（7）单击"椭圆工具"按钮 ，画出一个椭圆，单击属性栏中的"弧形"按钮 ，完成嘴巴部分，并改变"轮廓笔工具"的参数为"2 mm"（ 2.0 mm ），如图 4-127 所示。

（8）单击"椭圆工具"按钮 ，按住【Ctrl】键，画出一个正圆，左键单击颜色块填充红色。单击工具箱的"透明度工具"按钮 ，调整属性栏的透明度的参数为"标准、正常、67"（具体参数 标准 正常 67 ），效果如图 4-128 所示。

图 4-127　嘴巴

图 4-128　正圆

（9）按住【Shift】+鼠标左键+右键，放大复制一个同心圆后，单击工具箱的"透明度工具" ，调整属性栏的透明度的参数为"标准、正常、82" 标准 正常 82 全部 ，属性栏和效果如图 4-129 所示。

（10）单击工具箱的"调和工具"按钮 ，将两个同心透明的圆进行调和，改变"属性栏"的步长值为"3"（ 3 ），如图 4-130 所示。

图 4-129　同心圆

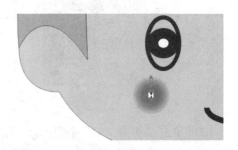

图 4-130　同心圆调和效果

（11）按下【Ctrl+C】组合键和【Ctrl+V】组合键，完成复制，如图 4-131 所示。

（12）单击工具箱的"贝塞尔工具"按钮 ，完成身体部分，如图 4-132 所示。

图 4-131　腮红完成效果　　　　　　　　　　　图 4-132　身体

（13）单击工具箱的"贝塞尔工具"按钮 ，完成手拿物体的基本形；单击"轮廓工具"按钮 ，参数选为 16 点（  ）；选择菜单栏的【排列】→【将轮廓转换为对象】命令，填充蓝色，并把物体进行【群组】（快捷键为【Ctrl+G】组合键），如图 4-133 所示。

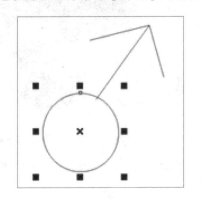

图 4-133　箭头线框

（14）单击工具箱"交互式立体化工具"按钮 拖动手拿物体，选择属性栏的【颜色】→【使用递减的颜色】命令，调整颜色为【从蓝色到蓝色】，如图 4-134 所示。

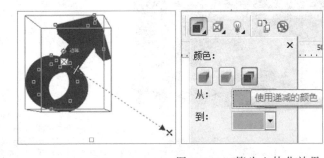

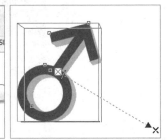

图 4-134　箭头立体化效果

（15）选择"挑选工具"选项，移动手拿物体至人物手中，选择人物手臂，右击→【到页面前面】，完成前后顺序，如图 4-135 所示。

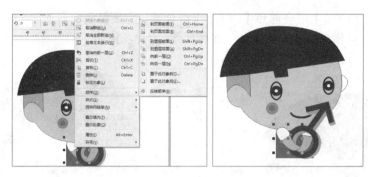

图 4-135　调整手臂顺序

（16）单击工具箱中的"艺术笔工具"按钮 ，设置为【预设】，选择画笔，属性参数设置
（如： ），画出耳朵阴影部分，效果如图 4-136 所示。

（17）最后，调整形状，颜色，完成整张图，如图 4-137 所示。

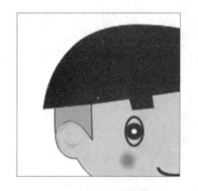

图 4-136　耳朵阴影部分

图 4-137　整张图完成效果

任务 4　绘制装饰风景背景

最终装饰风景背景效果如图 4-138 所示。

图 4-138　装饰风景

（1）单击"矩形工具"按钮 ，设置属性栏长、高参数为"200 mm"、"150 mm"（ ），
单击填充中的"均匀填充"，设置参数，并改边框线为"无" ，如图 4-139 所示。

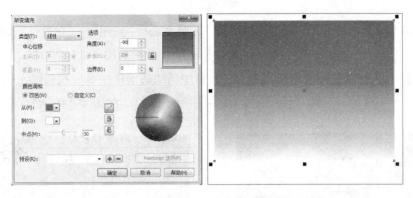

图 4-139　渐变背景

（2）单击"贝塞尔工具"按钮 ，画出两段曲线，分别填充蓝色和白色，并设置边框线为"无" ，如图 4-140 所示。

（3）单击工具箱的"交互式调和工具"按钮 ，在属性栏设置步长值为"3" ，得到调和部分，如图 4-141 所示。

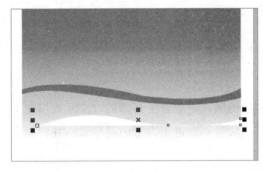

图 4-140　蓝色和白色曲线

图 4-141　调和效果

（4）单击工具箱的"椭圆形工具"按钮 ，按住【Ctrl】键，画出一个正圆，在属性栏设置长、高的参数为"32 mm × 32 mm" ，如图 4-142 所示。

（5）单击【Shift】+鼠标右键，复制出两个小圆，将大圆和小圆分别填充颜色为白色和黄色，如图 4-143 所示。

图 4-142　正圆

图 4-143　复制缩小圆

（6）选择中间黄色的圆，单击工具箱中的"透明度工具"按钮 ▽，在属性栏调整参数为：标准 ▼ 正常 ▼ ⊨—40，效果如图 4-144 所示。

（7）选择中间外面白黄色的圆，单击工具箱中的"透明度工具"按钮 ▽，在属性栏调整参数为：标准 ▼ 正常 ▼ ⊨—70，如图 4-145 所示。

图 4-144　调整黄色圆透明度

图 4-145　调整白色圆透明度

（8）单击工具箱的"交互式调和工具"按钮 ，在属性栏设置步长值为"3" ，如图 4-146 所示。

（9）单击工具箱的"挑选工具"按钮，选中左边的圆，再单击工具箱的"交互式填充工具"按钮 ，将黄色（　）和橘红色（　）的颜色块分别放进正方形的符号里，并去掉边框线（ ⊠ ），如图 4-147 所示。

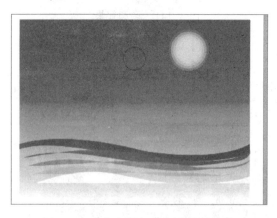

图 4-146　白色圆与黄色圆调和效果

图 4-147　黄色圆填充渐变颜色效果

（10）用"挑选工具"选中渐变色的圆形，再按住【Shift】键同时选中调和出来的圆形，选择"菜单栏"的【排列】→【对齐和分布命令】→【水平居中对齐】→【垂直居中对齐】，将圆形重合，如图 4-148 所示。

（11）单击工具箱的"贝塞尔工具"按钮 ，画出云的形状，如图 4-149 所示。

图 4-148　两圆形重合效果

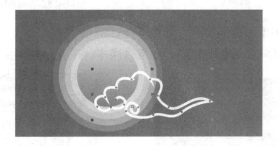

图 4-149　云的形状

（12）单击工具箱中"轮廓工具"按钮 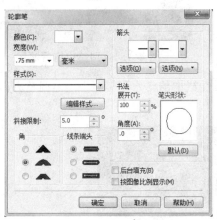，在弹出的对话框中设置"角"为圆形，去掉尖角，如图 4-150 所示。

图 4-150　调整云的形状

（13）复制出其他云的位置，并利用属性栏的"水平镜像" 调整方向，并调整后面云的大小，如图 4-151 所示。

（14）单击工具箱的"贝塞尔工具"按钮 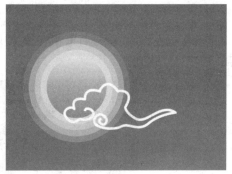，画出山的外轮廓，并缩小复制，填充颜色，用"交互式调和工具" ，调整步长值 3 为"3"，得到中间部分，如图 4-152 所示。

图 4-151　复制云的形状

图 4-152　运用调和制作山形状

（15）复制得到多座山，改变颜色，如图 4-153 所示。

（16）右击【快捷菜单】→【顺序】，调整前后顺序，并进行【群组】，如图 4-154 所示。

图 4-153　复制多座山

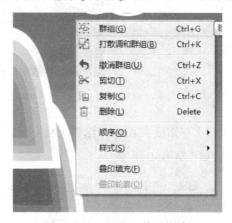

图 4-154　调整山前后顺序

（17）单击鼠标左键+右键进行复制，选择属性栏中的"水平镜像" 调整方向，完成整张作品，如图 4-155 所示。

图 4-155　完成作品效果

任务 5　绘制信封

最终绘制的信封效果如图 4-156 所示。

图 4-156　信封效果

（1）单击工具箱的"矩形工具"按钮 ▢，设置矩形大小为"186 mm×135 mm"（ 186.0 mm / 135.0 mm ），如图 4-157 所示。

（2）按住【Alt+Shift】组合键从中心画出一个矩形，设置矩形大小为"176 mm×125 mm"（ 176.0 mm / 125.0 mm ），如图 4-158 所示。

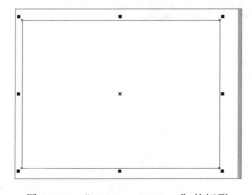

图 4-157　"186 mm×135 mm"的矩形

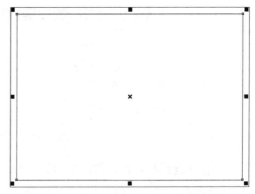

图 4-158　"176 mm×125 mm"的矩形

（3）单击工具箱的"矩形工具"按钮 ▢，设置矩形大小为"7 mm×175 mm"（ 7.0 mm / 175.0 mm ），单击填充颜色为红色（ ▉ ），设置【属性栏】→【旋转】为 20°（ ⟳ 20.0° ），如图 4-159 所示。

（4）选中红色矩形，拖住左键，快速右击复制，并填充为蓝色（ ▉ ），如图 4-160 所示。

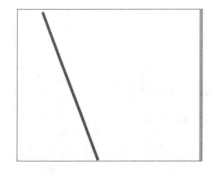

图 4-159　"7 mm×175 mm"大小的倾斜矩形

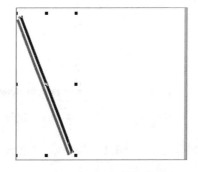

图 4-160　复制矩形

（5）选中两个矩形，进行群组，在用同样的方法复制一组矩形，然后按【Ctrl+D】组合键重复上一次动作，得到很多矩形，如图 4-161 所示。

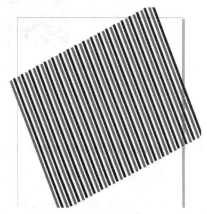

图 4-161　多次复制矩形的效果

（6）用"挑选工具" ![图标]选中所有矩形，选择菜单栏中【排列】→【对齐与分布】→【顶端对齐】命令，并进行按【Ctrl+G】组合键群组，如图 4-162 所示。

图 4-162　对齐与分布命令

（7）右键拖动红蓝色相间的矩形至绘制的第一个矩形里，松开右键，选择快捷菜单里的"图框精确剪裁内部"，填充前面的矩形为"白色" ![图标]，设置外轮廓为"无" ![图标]，如图 4-163 所示。

图 4-163　执行"图框精确剪裁内部"的效果

（8）单击"矩形工具"按钮 ![图标]，在属性栏设置长、高参数为"53 mm×45 mm"（ ![53.0 mm 45.0 mm] ），如图 4-164 所示。

（9）按住【Shift】键等比例缩小，复制，如图 4-165 所示。

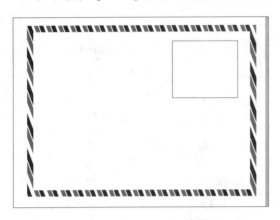

图 4-164 "53 mm×45 mm" 矩形

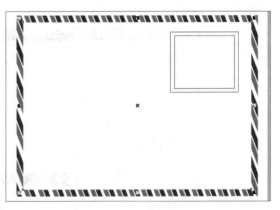

图 4-165 复制缩小矩形

（10）按住【Cttrl+Shift】组合键在外面矩形的四边相交处画出正圆形，如图 4-66 所示。

（11）单击"交互式调和工具"按钮 🔲，调整属性栏，设置步长值为"9" ，
如图 4-167 所示。

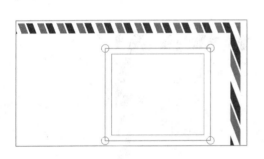

图 4-166 正圆形

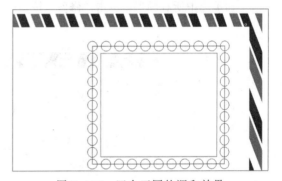

图 4-167 四个正圆的调和效果

（12）选中调和的圆形部分右击，在快捷菜单里选择"打散 8 元素的复合对象"，如图 4-168
所示。

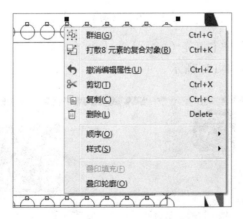

图 4-168 打散调和对象

（13）选择【菜单栏】中【排列】→【造型】命令，打开"造型"对话框，如图 4-169 所示。

图 4-169 "造型"对话框

（14）选中所有圆形，单击"修剪"按钮，修剪最下方的矩形，得到邮票造型，如图 4-170 所示。

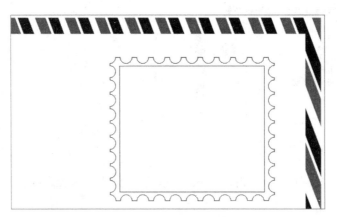

图 4-170 修剪后效果

（15）选择【工具箱】→【填充（ ）】→【PS（ PostScript... ）】命令，在弹出的对话框中选择"彩叶"，如图 4-171 所示。

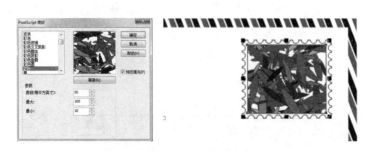

图 4-171 填充邮票的图案

（16）单击"椭圆"按钮 ，按住【Ctrl】键画出一个圆，并复制两个同心圆，如图 4-172 所示。

（17）选择"文本工具" 字，输入文字，设置属性栏参数（ *O* Arial ▼ 14 pt ▼ ），如图 4-173 所示。

图 4-172　同心圆

图 4-173　输入文字

（18）分别将两个文字右键拖动至两个圆边，松开鼠标，在快捷菜单中选择"使文本适合路径"，如图 4-174 所示。

（19）按住【Ctrl】键选中"2015"字样，缩放置内环处，如图 4-175 所示。

图 4-174　使文本适合路径效果

图 4-175　"2015"字放在内环

（20）选择【属性栏】→【水平镜像（ ⬌ ）】命令，如图 4-176 所示。

（21）调整"2015"字样位置，并去掉内环 2 个圆的边框线，如图 4-177 所示。

图 4-176　水平镜像"2015"字

图 4-177　去掉内环 2 个圆的边框线

（22）用"贝塞尔工具" ![] 画出 3 条线，单击"文本工具" 字 ，输入文字，在属性栏改变参数为 ![O Arial | 18 pt] ，效果如图 4-178 所示。

（23）单击"贝塞尔工具"按钮 ![] 完成曲线，完善文字，如图 4-179 所示。

图 4-178　画出 3 条线　　　　　　　　　　图 4-179　完成效果

任务 6　设计字体

最终设计字体效果如图 4-180 所示。

（1）单击工具箱中"文本工具"按钮 字 ，输入文字，并在属性栏中设置文字的参数为 ![O 方正舒体 | 150 pt] ，运用左键填充字体为"蓝色" ![] ，右击文字，选择"转换为曲线"，如图 4-181 所示。

图 4-180　"时尚"字体设计　　　　　　图 4-181　文字转换为曲线

（2）右键快捷菜单，选择"打散曲线"，如图 4-182 所示。

（3）用"挑选工具" ![] ，删除字体多余部分，如图 4-183 所示。

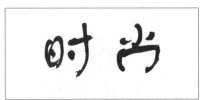

图 4-182　打散曲线　　　　　　　　　　图 4-183　删除字体多余部分

（4）单击"形状工具"按钮 ，双击删除多余节点，并改变字体外形，如图 4-184 所示。

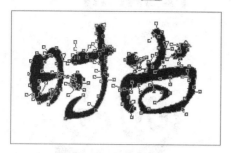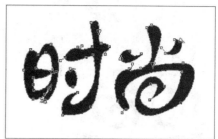

图 4-184　改变字体外形

（5）单击"艺术笔"按钮 ，在属性栏设置参数为 ，完成似花部分，如图 4-185 所示。

（6）选择似花的部分，右击快捷菜单"打散艺术笔群组"，如图 4-186 所示。

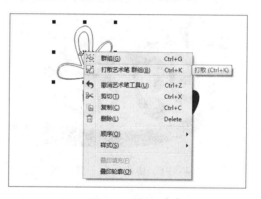

图 4-185　艺术笔画花形状　　　　　　　图 4-186　打散艺术笔群组

（7）删除中间的骨干线，如图 4-187 所示。

（8）单击"形状工具"按钮 ，完成似花部分和文字的外形，并填充蓝色，如图 4-188 所示。

图 4-187　删除骨干线　　　　　　　图 4-188　填充蓝色

（9）按【Shift】键选中似花和文字部分，单击属性栏中"焊接"按钮 ，在单击"贝塞尔工具"完成下面曲线，如图 4-189 所示。

（10）单击"文本工具"按钮 ，输入文字，在属性栏改变参数为 ，如图 4-190 所示。

图 4-189　焊接花和文字　　　　　　　　　　图 4-190　输入文字

（11）选中英文字，单击工具箱中"封套工具"按钮 ，如图 4-191 所示。

（12）鼠标双击多余的节点，进行删除，如图 4-192 所示。

图 4-191　使用封套工具效果　　　　　　　图 4-192　整理封套节点

（13）调整封套的外轮廓，并改变字体颜色为"白色"，选中所有图形，进行群组，如图 4-193 所示。

图 4-193　完成字体设计效果

任务 7　绘制透明水杯

最终透明水杯效果如图 4-194 所示。

（1）双击工具箱的"矩形工具"按钮 ▢，得到一个和页面大小一样大的矩形，并填充蓝色，如图 4-195 所示。

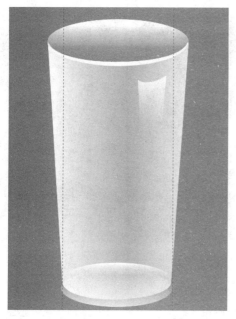

图 4-194　透明水杯

图 4-195　底图

（2）单击"矩形工具"按钮 ▢ 在属性栏设置大小为"77 mm×127 mm"（ 77.0 mm　127.0 mm ），如图 4-196 所示。

（3）单击"椭圆工具"按钮 ⬭，按住【Shift】键从中心画一个椭圆，如图 4-197 所示。

图 4-196　"77 mm×127 mm"矩形

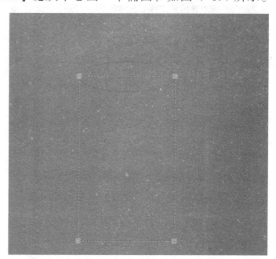

图 4-197　椭圆

（4）从标尺栏，拉出两条辅助线，辅助作图，如图 4-198 所示。

（5）单击属性栏的"转换为曲线"按钮 ⚙，调整水杯底部的宽度，并画出两个同心圆，如图 4-199 所示。

图 4-198　拉出辅助线　　　　　　　　　　图 4-199　水杯底部效果

（6）用"挑选工具"　选中上面的椭圆，填充白色（□），再单击工具箱中的"交互式透明"按钮　，设置属性栏的（参数为：　线性　　正常　），如图 4-200 所示。

（7）用"挑选工具"　选中杯身，填充白色（□），再单击工具箱的"交互式透明"按钮　，拖动黑色、白色分别到正方形的小图标里，如图 4-201 所示。

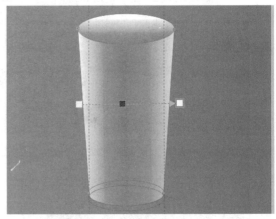

图 4-200　杯口效果　　　　　　　　　　图 4-201　杯身效果

（8）用"挑选工具"　选中底座，填充底端两圆为白色，如图 4-202 所示。

（9）单击工具箱的"交互式透明"按钮　，拖动黑色、白色分别到正方形的小图标里，如图 4-203 所示。

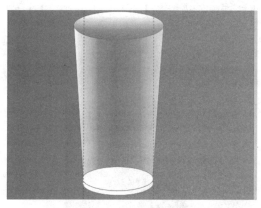
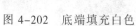

图 4-202　底端填充白色

图 4-203　底端透明效果

（10）单击"贝塞尔工具"按钮 ，沿着杯口，画出一条线，如图 4-204 所示。

图 4-204　杯口条线

（11）选择"轮廓工具"设置参数为"2mm"（ 2.0 mm ），如图 4-205 所示。

图 4-205　杯口条线加粗

（12）填充曲线为白色（ ），如图 4-206 所示。

图 4-206　杯口条线填充白色

（13）选中曲线，单击菜单栏中【排列】→【将轮廓转换为对象】命令，并用"形状工具" ，调整外轮廓，如图 4-207 所示。

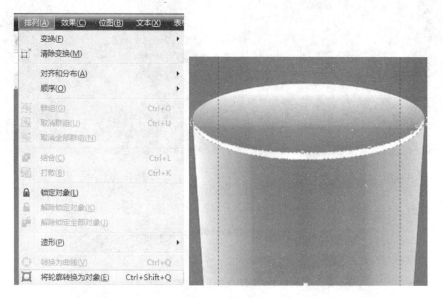

图 4-207　调整杯口条形状

（14）单击"贝塞尔工具"按钮 ，画出杯子的高光部分，并填充为白色（　　），右击去掉边框线（　　），用"交互式透明" 完成渐变，如图 4-208 所示。

（15）选中杯身，调整属性栏"透明中心点"参数为"47" ，得到最后效果图，如图 4-209 所示。

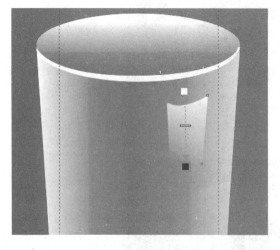

图 4-208　高光效果

图 4-209　最后完成效果图

（16）最后运用矩形绘制一个方形，并填充蓝色，把上面所绘制的图形合成在一起，排列效果如图 4-210 所示。

图 4-210　排列效果图

项目布置

按照"项目 4"中的制作步骤，绘制上面的"时尚广告"，要求方法正确，图形标准。

技巧小结

1. 运用"交互式调和工具"，可制作沿路径进行调和，调和的对象间距和颜色可设置为递增的方式。

2. 修剪对象造形时也可选择【造形】→【修剪】命令产生新的形状，与属性栏中的快捷命令一样。

同步练习

1. 取消群组的组合键（　　）。

　　A.【Ctrl + U】　　　B.【Ctrl +I】　　　C.【Ctrl + K】　　　D.【Ctrl +D】

2. 下面哪个是交互式透明工具（　　）。

　　A.　　　　　　B.　　　　　　C.　　　　　　D.

3. 设置调整调和对象的步长为按钮是（　　）。

　　A.　　　　　　B.　　　　　　C.　　　　　　D.

4. 交互式调和工具中"路径按钮"是（　　）。

　　A.　　　　　　B.　　　　　　C.　　　　　　D.

5. 打散交互式调和对象的组合键（　　）。

　　A.【Ctrl +E】　　　B.【Ctrl +I】　　　C.【Ctrl + K】　　　D.【Ctrl +D】

6. 把对象调到最上层的组合键（　　　）。

    A.【Ctrl + PgUp】 B.【Alt+ PgUp】 C.【Alt+ PgDn】 D.【Ctrl + PgDn】

拓展训练

1. 请想一想，下面的广告设计和产品设计是如何制作的，试一试？（以上的作业从难到易，循序渐进，1、2题为基础作业，3题为提高作业）

 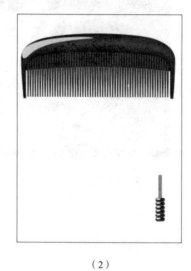 

  （1）   （2）   （3）

2. 设计题：设计一个旅游广告招贴。

模块 5

包 装 设 计

学 习 目 标
- ◎ 了解包装设计的定义及作用；
- ◎ 学会综合运用 CorelDRAW、Photoshop 进行产品包装的设计与制作；
- ◎ 能运用 CorelDRAW 正确制作产品包装的印刷稿。

什么是包装设计？它包括哪些内容？

包装设计是将美术与自然科学相结合，运用到产品的包装保护和美化方面，它不是广义的"美术"，也不是单纯的装潢，而是含科学、艺术、材料、经济、心理、市场等综合要素的多功能的体现。

包装的主要作用有二：其一是保护产品，其二是美化和宣传产品。包装设计的基本任务是科学地、经济地完成产品包装的造型、结构和装潢设计。

（1）包装造型设计

包装造型设计又称形体设计，大多指包装容器的造型。它运用美学原则，通过形态、色彩等因素的变化，将具有包装功能和外观美的包装容器造型，以视觉形式表现出来。包装容器必须能可靠地保护产品，必须有优良的外观，还需具有相适应的经济性等。

（2）包装结构设计

包装结构设计是从包装的保护性、方便性、复用性等基本功能和生产实际条件出发，依据科学原理对包装的外部和内部结构进行具体考虑而得的设计。一个优良的结构设计，应当以有效地保护商品为首要功能；其次应考虑使用，携带、陈列、装运等的方便性；还要尽量考虑能重复利用，能显示内装物等功能。

（3）包装装潢设计

包装装潢设计是以图案、文字、色彩、浮雕等艺术形式，突出产品的特色和形象，力求造型精巧、图案新颖、色彩明朗、文字鲜明，装饰和美化产品，以促进产品的销售。包装装潢是一门综合性科学，既是一门实用美术，又是一门工程技术，是工艺美术与工程技术的有机结合，并考虑市场学、消费经济学、消费心理学及其它学科。

一个优秀的包装设计，是包装造型设计、结构设计、装潢设计三者有机地统一，只有这样，才能充分地发挥包装设计的作用。

项目 1 "乌龙茶"饼干的包装设计

实训项目

能正确制作"乌龙茶"饼干的包装，如图 5-1 和图 5-2 所示。

图 5-1 立体图

图 5-2 展开图

项目目标

本项目通过对"乌龙茶"饼干的包装设计与制作，学会综合运用 CorelDRAW X6 与 Photoshop 进行包装设计。

任务 1 饼干的包装设计制作步骤分析

由于底图、暗纹理、品名文字与标志运用了透明、颜色调整、立体等效果，故使用 Photoshop 制作比较方便，而说明文字、公司名称、地址、电话条形码及环保标志等由于颜色单一，使用 CorelDRAW 制作，印刷效果较好。

任务 2 运用 Photoshop 制作 TIFF 底图文件

1. 任务要求

学会运用 Photoshop 制作 TIFF 底图文件。

2. 操作步骤

（1）制作正反面底图，由于设计稿正反面一样，我们制作一个就可以了。

① 设置正反面底图的文件属性：画布大小"20.6 cm×29.6 cm"（包括 3 mm 出血），颜色模式 CMYK，分辨率 300 DPI 如图 5-3 所示。

② 按照设计稿的要求，运用 Photoshop 制作正反面底图设计方案，如图 5-4 所示。

图 5-3 "新建文件"对话框

图 5-4 正反面底图设计方案

③ 以 TIFF 格式保存，并命名为：正面.TIFF。

（2）制作两个侧面底图，同样由于设计稿中两个侧面底图相同，我们制作一个就可以，说明文字、环保标志与条形码在 CorelDRAW 制作就可以了。

① 设置侧面底图的文件属性：大小为"20.6 cm×12.6 cm"（包括 3mm 出血），颜色模式 CMYK，分辨率 300 DPI 图 5-5 所示。

② 按照设计稿的要求，打开设计素材，运用 Photoshop 制作侧面底图设计方案，如图 5-6 所示。

图 5-5 侧面底图的文件属性

图 5-6 侧面底图设计方案

③ 制作完成后，以 TIFF 格式保存，并命名为：侧面.TIFF。

（3）对顶面底图的制作：由于包装盒的开口在顶面，根据包装盒的并版要求，需要对顶面裁切为正反两个的图形再进行并版，（注：因为在 CorelDRAW 里旋转位图容易产生坏图现象，故需要在 Photoshop 中把图像旋转 180°，这样，输出就万无一失）。

① 完整的顶面底图文件属性的设置：大小为"12.6 cm×29.6 cm"（包括 3 mm 出血），颜色模式 CMYK，分辨率 300 DPI。

② 裁切并旋转 180° 后两个文件的形状与大小（7.6 cm×29.6 cm），如图 5-7 所示。

图 5-7　顶面 1 与顶面 2 底图

③ 完成后以 TIFF 格式保存，并命名为：顶面 1.TIFF 与顶面 2.TIFF。

任务 3　运用 CorelDRAW 制作 CDR 文件

1. 任务要求

学会运用 CorelDRAW 制作 CDR 包装展开线文件。

2. 操作步骤

（1）绘制包装盒的展开图。

① 新建 CorelDRAW 文件，设置文件页面大小为"870 mm×390 mm"，如图 5-8 所示。

图 5-8　文件页面

② 在页面上，运用"矩形工具"绘制几个矩形，选择【视图】→【贴齐】→【贴齐对象】打开贴齐对象命令，并运用"对齐、复制、镜像"等命令调整矩形的大小、位置如图所示，选择全部矩形，按【Ctrl+G】组合键群组全部矩形，如图 5-9 所示。

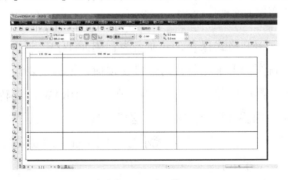

图 5-9　矩形

③ 运用"矩形工具"绘制一个圆角矩形大小为"6 mm×80 mm",如图 5-10。

图 5-10 圆角矩形

④ 选择【视图】→【贴齐】→【贴齐对象】打开贴齐对象命令,按下【视图】→【设置】→【贴齐对象设置】命令打开"选项"对话框,按照如图 5-11 所示。

⑤ 运用"移动复制"命令(先选择圆角矩形,按下左键移动矩形的过程中,按下右键,但左键不要松开,当看到光标下面出现"+"号时,同时松开左右键,这样就完成移动复制),复制出 10 个圆角矩形并群组这 10 个圆角矩形。(由于打开"贴齐对象"命令,在移动的过程中会自动对齐到节点上),如图 5-12 所示。

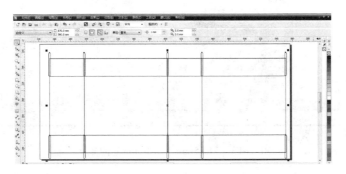

图 5-11 "贴齐对象"对话框

图 5-12 圆角矩形排列位置

⑥ 运用"群组的圆角矩形"去修剪第二步中"群组矩形",最后产生的效果如图 5-13 所示。

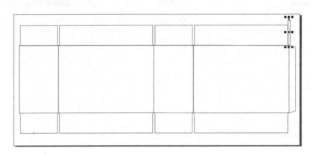

图 5-13　修剪效果

（2）导入底图进行并版。

① 选择【文件】→【导入】命令，找到在 Photoshop 中制作的 TIFF 底图文件：将正面.TIFF、侧面.TIFF、顶面 1.TIFF、顶面 2.TIFF 等 4 个文件逐一导入。

② 运用"移动工具"与"对齐命令"，以展开线框图为参考，进行"移动、对齐、排列顺序"等操作，最后效果如图 5-14 所示。

图 5-14　导入位图排列效果

③ 运用"矩形工具"绘制一个大小为"855 mm×340 mm"的矩形，并填充背景色（可以运用"滴管工具"　拾取位图的背景色，再用拾取位图颜色填充），如图 5-15 所示。

图 5-15　"855 mm×340 mm"的矩形

（3）运用"段落文本工具"输入文字，并按照设计稿进行排版，如图 5-16 和图 5-17 所示。

图 5-16　侧面 1

图 5-17　侧面 2

（4）运用"圆形工具、贝塞尔工具、节点形状工具"及"修剪、焊接"等命令绘制环保标志，如图 5-18 所示。

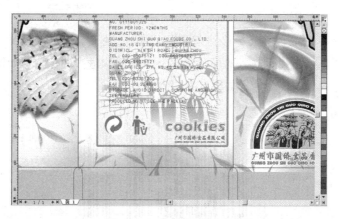

图 5-18　绘制环保标志

（5）条形码制作

① 选择【编辑】→【插入条形码】命令，打开条形码制作导向，按图 5-19 进行设置。

② 设置完成后直接按下一步，其他设置为默认，最后单击"完成"，最后产生的条形码

如图 5-20 所示。

图 5-19　插入条形码对方框

图 5-20　完成的条形码

③ 由于我国运用的简易条形码没有后段的新增部分，可以运用精确裁剪工具裁剪掉不需要的部分。

a、绘制一个矩形并填充白色，大小、位置如图 5-21 所示。

b、选择条形码，选择【效果】→【图框精确裁剪】→【放置在容器中】命令这时光标变为黑色的大箭头，单击矩形，效果如图 5-22 所示。

图 5-21　绘制裁剪矩形

图 5-22　放置在容器效果

c、如果位置不满意，可将光标移到条形码上右击，在弹出的上下文菜单中，选择"编辑 PowerClip"命令，在弹出编辑内容的模式下移动条形码到适当的位置，如图所示，完成后右击条形码选择"结束编辑"命令，如图 5-23 所示。

图 5-23　编辑内容模式

d、最后按设计稿的要求排在适当位置，并转为黑白位图（DPI 为 600），如图 5-24 所示。

图 5-24　条形码转为黑白位图

任务 4　制作输出文件

1. 任务要求

学会运用 Photoshop 制作 TIFF 底图文件。

2. 操作步骤

（1）文字转曲线，选择所有文字，选择【排列】→【转为曲线】命令或按下【Ctrl+Q】组合键，如图 5-25 所示。

图 5-25　文字转曲线

（2）绘制出血位、裁切及折叠辅助线，如图 5-26 所示。

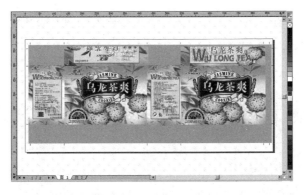

图 5-26　绘制裁切线

（3）把展开图切线与折线剪切到第二页输出，如图 5-27 所示。

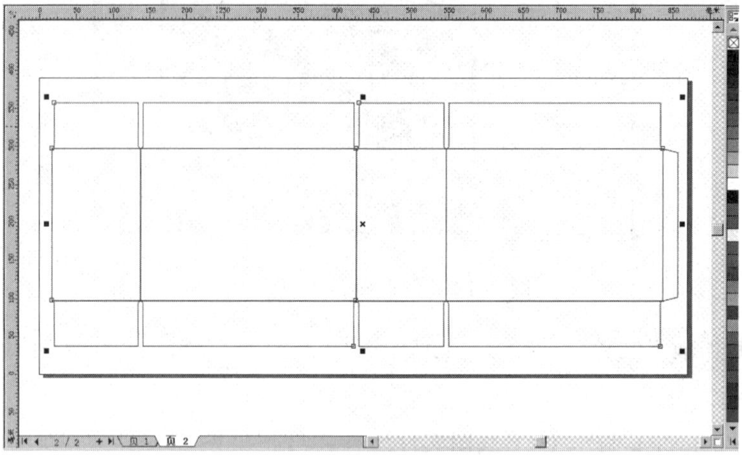

图 5-27　展开图切线与折线

（4）另存为输出文件，命名为：饼干输出稿.CDR。

项目布置

按照"项目 1"中的制作步骤，绘制如图 5-27 所示的"饼干包装设计"，要求方法正确，图形标准。

技巧小结

由于位图在旋转时容易出现坏图现象，所以制作镜像位图时应在 Photoshop 里制作再导进 CorelDRAW 中比较保险。

制作条形码时，请运用 CorelDRAW 12 中自带的条形码制作器，因为条形码的要求比较严格，手绘的条形码不标准，电脑扫描时不能识别。

拓展训练

1. 请想一想，上面的"饼干包装设计"能否运用另外的方法制作，有几种？

2. 设计题：参照上面学习方法设计一个饼干的包装设计。（以上的作业从难到易，循序渐进，1 为基础作业，2 为提高作业，可根据学生的具体情况制作）

项目 2 "三花老窖"酒的包装设计

实训项目

能正确制作"三花老窖"酒的包装，如图 5-28 和图 5-29 所示。

图 5-28 立体图

图 5-29 展开图

项目目标

本项目通过对"三花老窖"酒的包装设计与制作，学会综合运用 CorelDRAW X6 与 Photoshop 进行包装设计。

任务 1 制作步骤分析说明

由于底图、暗纹理、古老马车、品名文字与标志运用了透明、颜色调整、立体等效果，故使用 Photoshop 制作比较方便，而二方连续图案、说明文字、公司名称、地址、电话条形码与印章等由于颜色单一，使用 CorelDRAW 制作，印刷效果较好。

任务 2 使用 CorelDRAW 软件制作包装盒

1. 任务要求

学会运用 CorelDRAW 制作包装盒。

2. 操作步骤

（1）打开 CorelDRAW 软件，设置页面大小为"594 mm×440 mm"（恰好为大度 4 开，减小浪费，节约包装成本），如图 5-30 所示。

图 5-30 页面大小

（2）确定包装盒的尺寸：宽 110 mm×高 240 mm×厚 110 mm，运用"矩形工具"绘制一个矩形作为包装盒的宽（110 mm）与高（240 mm），如图 5-31 所示。

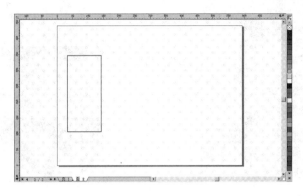

图 5-31　包装盒的尺寸

（3）运用"比例变换面板（【Alt+F9】组合键）"，单击"水平镜像复制"按钮复制 4 个矩形，作为包装盒的正面、背面与两个侧面，如图 5-32 所示。

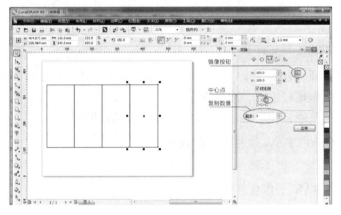

图 5-32　比例变换面板

（4）绘制包装盒顶面的结构图：绘制 4 个矩形（高分别为：52 mm、75 mm、110 mm、20 mm），选择【视图】→【贴齐】→【贴齐对象】命令，打开"贴齐对象命令"，所有的矩形排列如图 5-33 所示。

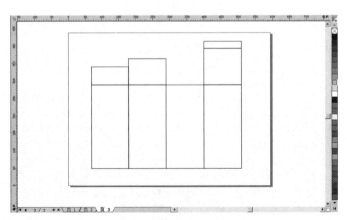

图 5-33　包装盒顶面的结构图

（5）按照步骤 4 绘制包装盒底面结构图：绘制 3 个矩形（高分别为：52 mm、75 mm、75 mm）如图 5-34 所示。

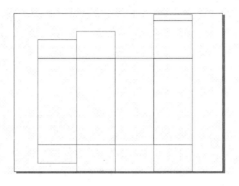

图 5-34　包装盒底面结构图

（6）绘制包装盒的展开线框图：选择顶面与底面的全部矩形，按【Ctrl+Q】组合键，把其转为曲线，运用"节点形状工具" 调整矩形的节点（另一侧面运用镜像复制产生即可），最后绘上 20 mm 的粘合位及 3 mm 出血位，如图 5-35 所示。

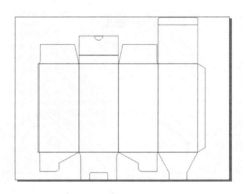

图 5-35　包装盒的展开线框图

（7）注意展开线框图底部尺寸要尽量准确，如图 5-36 所示。

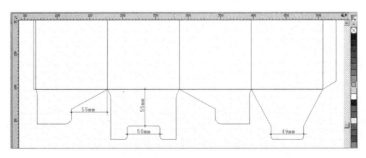

图 5-36　展开线框图底部尺寸

（8）最后完成整个展开线框图的尺寸，如图 5-37 所示。

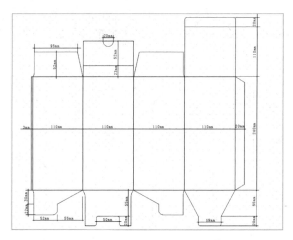

图 5-37　整个展开线框图的尺寸

（9）以 CDR 格式保存该文件，文件名为：酒包装展开图.CDR。

（10）选择【文件】→【导出】命令，把该文件导出为 PSD 格式，在导出的对话框中按如下设置：颜色模式选择 CMYK，尺寸选择保持原来大小，DPI 选择 300。（该文件主要为运用 Photoshop 设计底图并版时作参考，PSD 格式在 Photoshop 中打开背景是透明的，方便设计制作）。

任务3　使用 Photoshop 软件制作 TIFF 底图

1．任务要求

学会运用 Photoshop 制作 TIFF 底图文件。

2．操作步骤

（1）在 Photoshop 中打开上一步在 CorelDRAW 中导出的 PSD 格式文件，如图 5-38 所示。

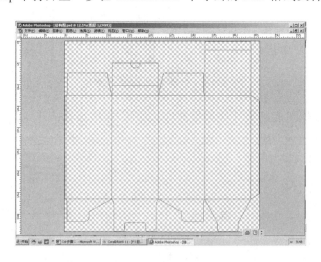

图 5-38　展开线框图

（2）打开相应的素材按照设计稿制作包装盒正面的图案，如图 5-39 所示。

（3）同样打开相应的素材按照设计稿制作包装盒背面、侧面、顶面的图案。

① 包装盒背面的底图制作完成的效果，如图 5-40 所示。

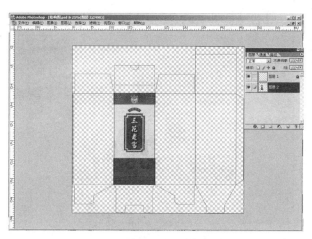

图 5-39　包装盒正面的图案

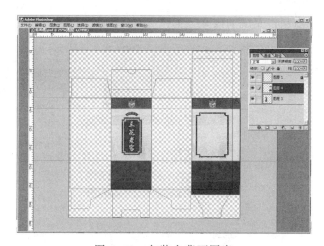

图 5-40　包装盒背面图案

② 包装盒侧面底图制作完成的效果，如图 5-41 所示。

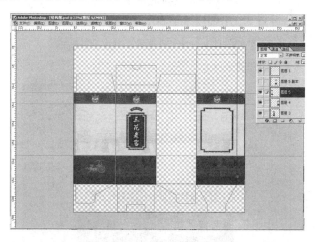

图 5-41　包装盒侧面底图

③ 包装盒另一侧面底图制作完成的效果，如图 5-42 所示。

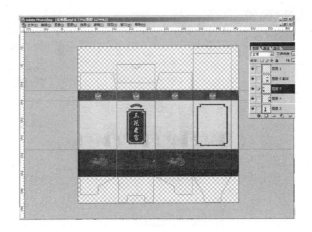

图 5-42　包装盒另一侧面底图

④ 包装盒顶面底图制作完成的效果，如图 5-43 所示。

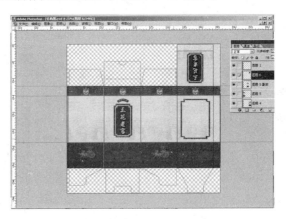

图 5-43　包装盒顶面底图

（4）新建一个图层，按图填充包装盒顶与底的背景色，（顶的颜色设置为 C：10，M：15，Y：45，K：0；底的颜色设置为 C：30，M：80，Y：70，K：60）。

① 隐藏其他图层后的效果，如图 5-44 所示。

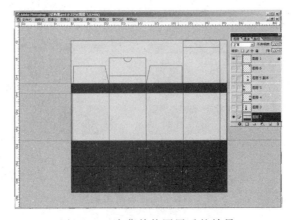

图 5-44　隐藏其他图层后的效果

② 显示其他图层后的效果，如图 5-45 所示。

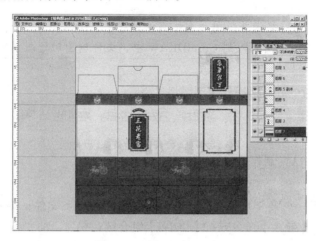

图 5-45　显示其他图层后的效果

（5）最后进行调整，删除展开线框图所在的图层，然后合并所有图层，并以 TIFF 格式保存，（请选择 LZW 压缩选项进行无损压缩，可以节省磁盘空间。）如图 5-46 所示。

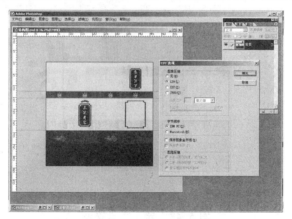

图 5-46　保存对话框

（6）最终的 TIFF 格式的底图效果，如图 5-47 所示。

图 5-47　底图最终效果

知识链接

在 Photoshop 中制作整张并版图，虽然制作过程中 PSD 文件大点，但对位图的裁切复制比较容易，并且整张底图导入到 CorelDRAW 中，文件输出时比较保险，不易出错。

任务4　使用 CorelDRAW 制作印刷输出文件

添加二方连续图案、说明文字、条形码、公司名称、地址电话等颜色较为的元素。

1. 任务要求

学会运用 CorelDRAW 制作 CDR 文件。

2. 操作步骤

（1）打开在步骤一中第 9 点保存的"酒包装线框图.CDR"文件，导入上一步的 TIFF 底图（选择【文件】→【导入】命令或按【Ctrl+I】组合键，在弹出的"导入"对话框中，找到上一步的 TIFF 底图，单击"导入"按钮），按【Shift】键同时选择 TIFF 底图与包装盒展开线框图（要先群组展开线框图形），运用"对齐"命令面板，使其居中对齐，再选择 TIFF 底图，按【Shift+PgDn】组合键将其置于最后面，完成后效果如图 5-48 所示。

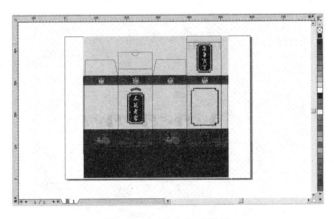

图 5-48　导入底图效果

（2）运用"贝赛尔工具"绘制二方连续图案（绘制对称的图形时，只绘制图形的一半再运用镜像复制即可），如图 5-49 所示。

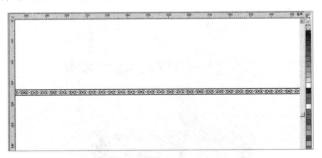

图 5-49　二方连续图案

（3）制作正面与顶面的广告语及印章。（印章可运用"手绘工具、橡皮工具，变形工具、涂抹笔刷等工具"精心制作印章的残缺美，在制作过程中需要有耐心。）

① 印章效果，如图 5-50 所示。

图 5-50　印章效果

② 最终的排列效果，如图 5-51 所示。

（4）输入说明文字与公司名称、地址、电话等，如图 5-52 所示。

图 5-51　印章排列效果

图 5-52　输入说明文字

知识要点：说明文字运用段落文本比较容易排版，制作完成后输出一定要转为曲线。

（5）制作条形码：选择【编辑】→【插入条形码】命令。

（6）在弹出的条形码对话框中按图 5-53 进行设置。

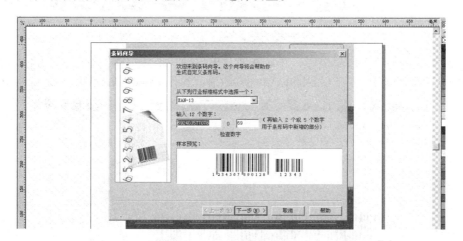

图 5-53　条形码对话框

（7）按提示单击"下一步、完成"按钮如图 5-54 所示。

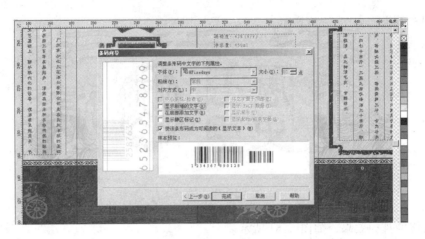

图 5-54　条形码设置

（8）由于条形码默认背景为白色，按下列步骤去掉背景色。

① 选择条形码转为黑白位图（位图转为位图），如图 5-55 所示。

图 5-55　条形码转为黑白位图

② 选择转为黑白位图条形码，在属性面板中单击"描绘位图"按钮，再选择【轮廓描摹】→【高质量图像】，打开 CorelDRAW 自带的描图软件（Power TRACE），如图 5-56 所示。

图 5-56　描绘位图命令

③ 在弹出的 Power TRACE 框中按如图 5-57 所示设置参数，再单击"确定"按钮。

图 5-57　描绘位图参数设置

④ 关闭描图软件并选择保存，产生的新图与位图重合，选择新描的矢量条形码移出并对其进行取消所有群组。如图 5-58 所示。

图 5-58　移出矢量条形码效果

⑤ 对条形码进行整理：删除数字重新输入（主要是由于描绘出来的数字不够精美），结合新描的矢量条形码（不包括数字），运用"形状工具"，选择所有节点，单击"转为直线按钮"把所有节点转为直线节点，如图 5-59 所示。

图 5-59　整理条形码

（9）最后完成稿，如图 5-60 所示。

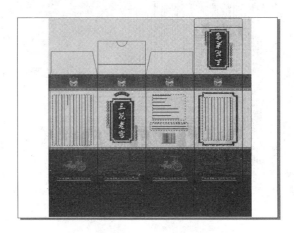

图 5-60　最后完成稿

（10）把所有文字转为曲线（选择全部文字按【Ctrl+Q】组合键）。注：把所有文字转为曲线之前另存一个备份文件，方便今后修改。

（11）绘制出血线及折叠辅助线，如图 5-61 所示。

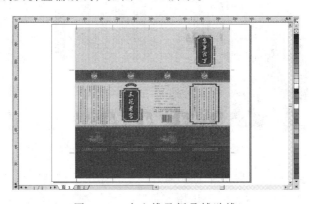

图 5-61　出血线及折叠辅助线

（12）把展开线框图剪切到第二页输出，如图 5-62 所示。

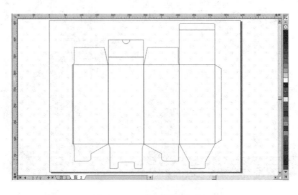

图 5-62　展开线框图

（13）最后保存为 CDR 格式文件，进行输出。

项目布置

按照"项目 1"中的制作步骤，绘制上面的"饼干包装设计"，要求方法正确，图形标准。

技巧小结

在 Photoshop 中并版时，请先在 CorelDRAW 中制作好并版线后，再导出 Photoshop 中做参考；制作输出稿时，请把文字转为曲线（按【Ctrl+Q】组合键）；制作透明背景的条形码时，把条形码位图时，精度的值设置到 600~720DPI。

拓展训练

1. 请想一想，上面的"饼干包装设计"能否运用另外的方法制作，有几种？
2. 设计题：参照上面学习方法设计一个酒的包装设计。（以上的作业从难到易，循序渐进，1 为基础作业，2 为提高作业，可根据具体情况制作）

知识链接

印前完稿的注意事项：

（1）版面上的文字距离裁切边缘必须大于 3mm，以免裁切时被切到。文字必须转曲线或描外框，文字不要使用系统字，若使用会造成笔划交错处有白色节点。文字转成曲线后，请注意字间或行间是否有跳行或互相重叠的错乱现象。如果笔划交错处有白色节点时，以打散的指令处理即可。黑色文字不要选用套印填色。

（2）不能以屏幕或打印机印出的颜色来要求印刷色，客户制作时必须参照 CMYK 色谱的百分数来决定制作填色。同时注意：不同厂家生产的 CMYK 色谱受采用的纸张、油墨种类、印刷压力等因素的影响，同一色块会存在差异。

（3）同一文档在不同次印刷时，色彩都会有差异，色差度在 10% 内为正常（因墨量控制每次都会有不同所致），大机印刷，顾此失彼，如有旧档要加印，为避免色差过大，应参照印刷公司所出的数码色样。

（4）色块之配色尽量避免使用深色或满版色之组合，否则印刷后裁切容易产生背印的情况。名片印刷由于量少，正反面有相同大面积色块的地方，恕难保证一致及毫无墨点，不得因此作为退货理由。

（5）底纹或底图颜色不要低于 10%，以避免印刷成品时无法呈现。 6、请使用 CorelDRAW 9.0 中文版设计制作文档，由于组版的需要，用苹果机设计的文档都将转换成 PC 格式。在 CorelDRAW 中，影像、照片必须以 TIFF 档格式，CMYK 模式输入，勿以 PSD 档之格式输入，所有输入的影像图、分离的下落式阴影及使用透明度、滤镜材质填色 OWERCLIP 的物件，请在 CorelDRAW 中再转一次点阵图（ 色彩为 CMYK32 位元，解析度为 300dpi，反锯齿补偿透明背景使用色彩描述档皆打勾）。以避免组版时造成马塞克影像。如以调整节点的方式缩小点阵图，也请再转一次点阵图（选项如前），避免点阵图输出时部分被遮盖。使用 CorelDRAW 的"滤镜特效"处理过的物件同样也请转一次点阵图（选项如前），以保万无一失。

（6）所有输入或自绘的图形，其线框粗细不可小于 0.1mm，否则印刷品会造成断线或无法呈现的状况。另外，线框不可设定"随影像缩放"，否则印刷输出时会形成不规则线。

（7）当渐层之物件置入图框精确剪裁，请将其转为点阵图（方法同第 6 点），因为置入之图框渐层与其他物件群组后再做旋转，其渐层之方向并不会一起旋转。另外，任何渐层物件皆不可设定"边缘宽度"，因为输出机的解释不同，有时会造成渐层边缘填色不足。

（8）双面双折名片请标示折线及正反面。

（9）因从网络下单无色稿可以校对，如有严格标准色之色块恕无法保证完全相同。

（10）特别注意有任何图片、色块或线超出制作尺寸时，请一律置入图框内。勿用白色色块遮掩，以免造成合版时的困扰。

（11）以上注意事项完成后必须做最后的检查，在 CorelDRAW 档案的选项中点选【文字】→【资讯】，便可显示文档的所有资料，包括文字是否已转曲线，（若所有文字都已转曲线，则文字统计的项目会显示：这个文件中没有文字物件），点阵图是否为 CMYK（点阵图物件应为勘入的 CMYK-32 位元），填色及外框是否完全为 CMYK 之色彩模式，不要使用 RGB 颜色。外框是否仍有设定"随影像缩放"等，并标示好贵公司商号、会员编号，联络人，交货地址、联络电话、盒数，以保证万无一失。

项目 3　"御月中秋"月饼的包装设计

实训项目

能正确制作"御月中秋"月饼的包装设计与制作，如图 5-63 和图 5-64 所示。

图 5-63　立体图

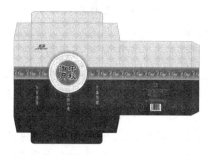

图 5-64　展开图

项目目标

本项目通过对"御月中秋"月饼包装的设计与制作，学会综合运用 CorelDRAW X6 与 Photoshop 进行包装设计。

任务 1　制作步骤分析说明

由于底图、暗纹理运用了透明、颜色调整等效果，故使用 Photoshop 制作比较方便，而标志、说明文字、公司名称、地址、电话条形码与印章等由于颜色单一，使用 CorelDRAW 制作，印刷效果较好。圆盘中的图案是印刷专色银，也应运用 CorelDRAW 制作。

任务 2 使用 Photoshop 软件制作 TIFF 底图

1. 任务要求

学会运用 Photoshop 制作 TIFF 底图文件。

2. 操作步骤

（1）制作包装盒底纹图案

① 新建一个文件，宽度：59.4 cm、高度：39 cm、分辨率：300DPI、颜色模式：CMYK（此设置已经留有 3 mm 出血），如图 5-65 所示。

② 运用填充图案命令制作底图：

a、打开相关图案文件，运用"矩形工具"选择图案，选择【编辑】→【定义图案】命令，在弹出的对话框中输入图案的名字，如图 5-66 所示。

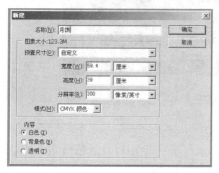
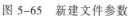

图 5-65 新建文件参数

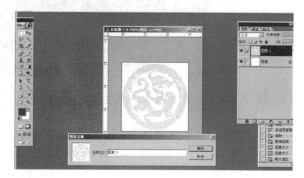

图 5-66 定义图案名称

b、在第一步新建的文档中，运用"矩形工具"选择页面的一半，选择菜单命令【编辑】→【填充】，在弹出的"填充"对话框中选择"图案"，自定义项中选择"上一步定义的图案名称"，单击"确定"按钮，如图 5-67 所示。

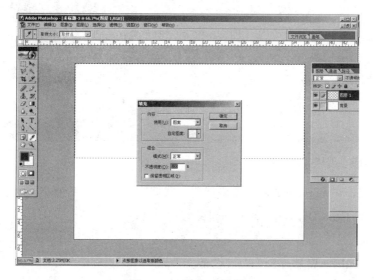

图 5-67 填充对话框

c、全部完成填充后的效果如图 5-68，然后以 TIFF 格式保存。

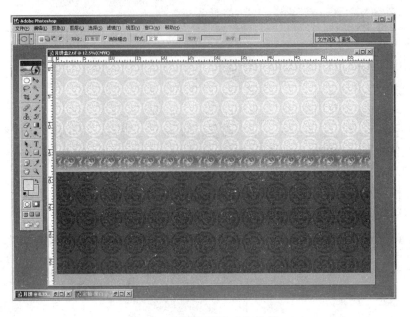

图 5-68　填充图案后的效果

（2）制作正面的圆盘图形

①　新建文件，宽度：14.5 cm、高度：14.5 cm、分辨率：300DPI、颜色模式：CMYK；如图 5-69 所示。

②　按照设计稿的要求，打开或绘制相关的图案，制作正面的圆盘图形，如图 5-70 所示。

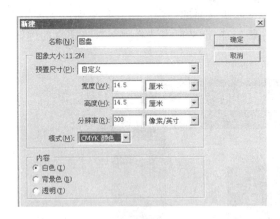

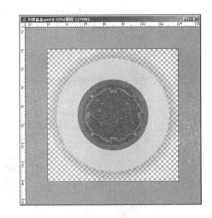

图 5-69　新建文件参数　　　　　　　　　　　图 5-70　圆盘图形

③　由于本文件在 CorelDRAW 中需要透明，我们完成后要以 PSD 格式保存。

任务 3　使用 CorelDRAW 软件制作包装盒的文件

1. 任务要求

学会运用 CorelDRAW 软件制作包装盒的文件。

2. 操作步骤

（1）打开 CorelDRAW 软件，选择【文件】→【新建】命令，设置页面大小为：宽 594 mm，高 420 mm，如图 5-71 所示。

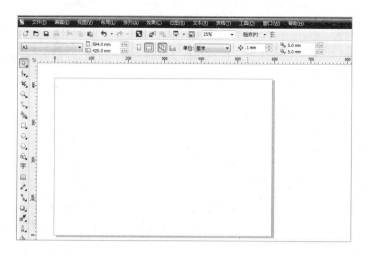

图 5-71　新建页面大小

（2）绘制包装盒的展开线框图。

① 运用"矩形工具"绘制两个"55 mm × 228 mm，228 mm × 228 mm"的矩形，然后镜像复制 4 个矩形，如图 5-72 所示。

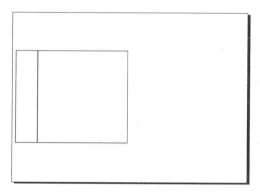

图 5-72　"55 mm × 228 mm、228 mm × 228 mm"的矩形

② 选择【视图】→【贴齐】→【贴齐对象】打开"贴齐对象"命令，镜像复制出 4 个矩形，如图 5-73 所示。

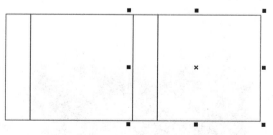

图 5-73　镜像复制矩形

③ 运用"旋转、缩放、复制"等命令给出如图的所有矩形，如图 5-74 所示。

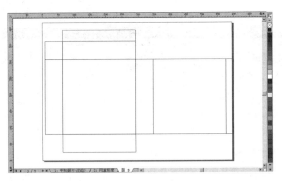

图 5-74　复制矩形

④ 选择所有矩形，按【Ctrl+Q】组合键把所有矩形转为曲线，单击"节点形状工具"，运用"增加节点、移动节点、调整节点"等命令修改矩形，并运用"镜像复制"命令复制出对称的图形，按【Ctrl+A】组合键选择全部，再按【Ctrl+G】组合键群组所有图形。如图 5-75 所示。

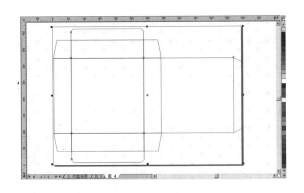

图 5-75　包装盒的展开线框图

（3）选择【文件】→【导入】命令，选择已保存好的包装盒底图文件，放置在新建的页面上，按下【Shift+PgDn】组合键把刚导入的包装盒底图调整到最下面，按住【Shift】键同时选中群组图形和包装盒底图形，进行对齐（先后按【E】、【R】键使其水平居中与右对齐）。如图 5-76 所示。

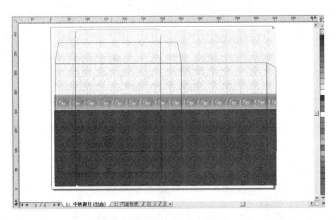

图 5-76　包装盒底图文件效果

（4）同样选择【文件】→【导入】命令，选择已保存好的包装盒正面的圆盘图形 PSD 文件，放置在包装盒底图上面，调整到合适位置，如图 5-77 所示。（注：请不要在 CorelDRAW 中旋转位图，这样容易产生坏图。）

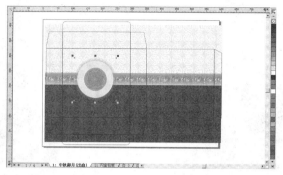

图 5-77　导入圆盘图形

（5）圆盘边缘的专色银的纹理制作。（上一节的印章制作也可运用本方法）

① 打开在 Photoshop 中扫描进来的纹理文件，如图 5-78 所示。

② 调整图像的对比度，如图 5-79 所示。

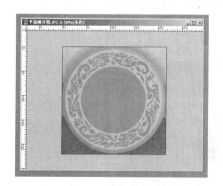

图 5-78　纹理文件　　　　　　　　　　　　图 5-79　调整图像的对比度

③ 运用"颜色范围工具"选择图案：先用"圆形工具"选择最外的圆，再单击【选择】→【颜色范围】命令调出"色彩范围"对话框进行选择，如图 5-80 所示。

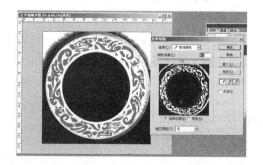

图 5-80　"色彩范围"对话框

④ 调整后最终的选择效果，如图 5-81 所示。

⑤ 选择【选择】→【修改】→【平滑】命令，对选择范围进行平滑处理，重复此命令

达到理想效果为度。

⑥ 把选择范围转为工作路径，运用"选择工具"右击【选择范围】→【建立工作路径】，如图 5-82 所示。

图 5-81　选择最终效果

图 5-82　建立工作路径

⑦ 导出工作路径，以为 AI 格式保存，如图 5-83 所示。

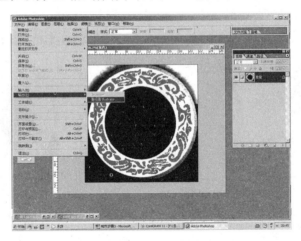
图 5-83　导出工作路径

⑧ 在 CDR 中导入路径：选择【文件】→【导入】命令，选择已保存好的 AI 格式的纹理文件，导入并填充颜色（导入的路径是透明的），如图 5-84 所示。

⑨ 对导入的路径进行平滑处理：选择路径先取消全部群组再进行结合，然后运用"节点形状工具" 选择全部节点，在曲线平滑度框中 输入"3"，按回车，如图 5-85 所示。

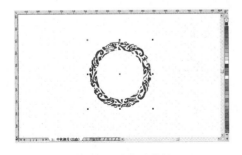
图 5-84　导入路径

图 5-85　平滑处理前后效果对比

（6）制作纹理圆形边框，如图 5-86 所示。

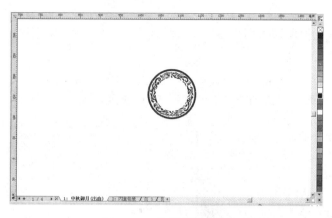

图 5-86 纹理圆形边框

（7）运用"对齐"命令让图案与圆盘对齐并填充白色，如图 5-87 所示。

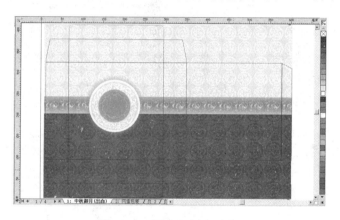

图 5-87 图案与圆盘对齐

（8）导入客户提供的标志图形，制作条形码，输入品名、标语文字及说明文并调整好位置，最后完成稿如图 5-88 所示，并保存文件。

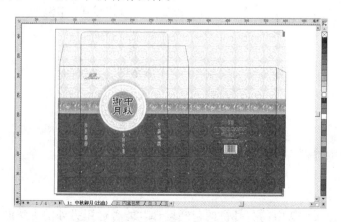

图 5-88 最后完成稿

任务4 制作输出稿

1. 任务要求

学会运用 CorelDRAW 制作输出稿。

2. 操作步骤

（1）选择全部文字，把文字转为曲线，绘制出血线及折叠辅助线，如图 5-89 所示。

（2）剪切粘贴展开线框图到第二页，如图 5-90 所示。

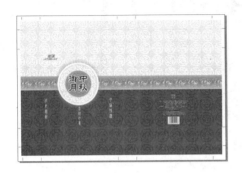

图 5-89　文字转为曲线

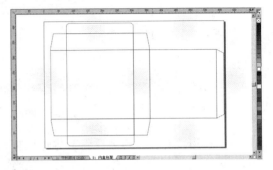

图 5-90　展开线框图

（3）制作印银专色输出稿，选择白色文字及圆盘的白色图案，复制粘贴到第 3 页并填充黑色，如图 5-91 所示。

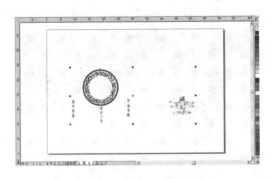

图 5-91　印银专色输出稿

（4）最后把整个文件另存为输出文档，命名为：月饼输出.CDR。

项目布置

按照"项目 3"中的制作步骤，绘制图 5-91 所示的"月饼的包装设计"，要求方法正确，图形标准。

技巧小结

在 Photoshop 中制作路径时，请选择导出 AI 格式。

拓展训练

1. 请想一想，项目 3 中的"月饼的包装设计"能否运用另外的方法制作，有几种？

2. 设计题：参照上面学习方法设计一个月饼的包装设计。